태양광발전 시스템 설계

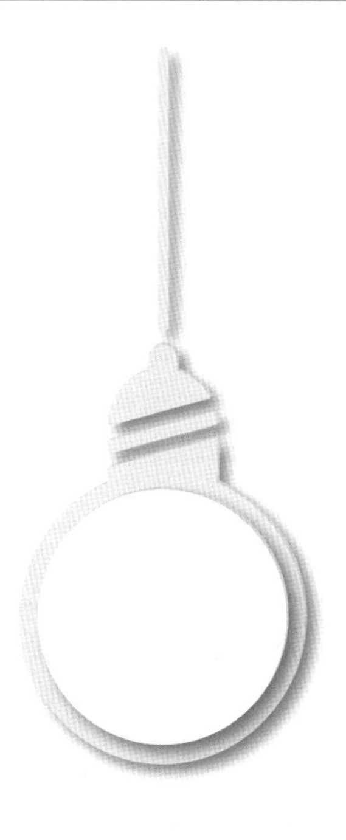

머 리 말

최근 우리 사회에서의 환경은, 화석연료의 과다사용으로 인한 지구온난화와 태풍, 가뭄, 폭우 등의 예측 불허한 기상이변이 빈번히 발생하고, 환경오염에 의한 생태계 파괴가 가속화되고 있으며, 그에 따른 세계적인 유가폭등 및 기후변화협약의 규제가 강화되고 그에 따라 탄소 배출량 규제 등의 광범위한 문제들이 제기됨에 따라, 이 문제들을 타개하기 위하여, 범국가적인 차원에서 경제적이면서도 지속적인 방향으로 환경을 보전할 수 있는 신재생에너지의 필요성이 대두되고 있습니다.

신재생에너지란 기존의 화석연료를 변환시켜 이용하거나 햇빛, 물, 지열, 생물 유기체 등을 포함하는 재생 가능한 에너지를 변환시켜서 이용하는 에너지로, 그것의 필요성은 화석 에너지를 대체할 수 있으면서도 환경파괴를 야기하지 않는다는 것만으로도 전 세계적으로 활발히 연구되고 국가차원에서 시행 및 진행되고 있는 바입니다.

우리나라에서 규정한 신재생에너지로는 8개 분야로 되어있는 재생에너지가 있으며, 그것들은 태양열, 태양광발전, 바이오매스, 풍력, 소수력, 지열, 해양, 폐기물 에너지로 구성되어 있으며, 그 외에 3개 분야의 신에너지인 연료전지, 석탄 액화 가스화, 수소에너지가 있으며 이 밖에도 총 28개의 분야로 나뉘어서 지정되어 있습니다.

이러한 신재생에너지들을 보급, 지원하기 위하여 정부 차원에서도 태양광, 태양열, 지열 등의 신재생에너지 주택 설치 및 보급에 힘쓰고 있으며, 그것의 지원, 기술개발 및 기술표준화 작업을 지속해 오고 있고, 이에 따라 그것을 다룰 수 있는 미래 에너지산업을 선도할 전문적인 핵심인재 양성 방안 또한 부각됨에 따라, 신재생에너지 발전설비기사 자격시험이 시행되어야 할 필요성이 대두되었습니다.

2013년 9월 28일 태양광 전문 자격증인 신재생에너지 발전설비기사(산업기사) 시험이 처음으로 시행되고 있으며, 여기서 말하는 신재생에너지 발전설비기사란 이러한 신재생에너지들을 전반적으로 다루는 직종이며, 주로 태양광의 기술이론 지식으로 설계, 시공, 운영, 유지보수, 안전관리 등의 업무를 수행할 수 있는 능력을 검증받은 전문가를 일컬으며, 이는 최근 정부가 역점을 두고 있는 저탄소 녹색성장 분야 인력양성 방안의 일환으로 추진되는 것으로써, 해당 과정이 개설 될 경우 향후 대체 에너지로 주목받고 있는 태양광 발전 산업분야에서의 전문적인 기술 인력의 체계적 육성이 가능할 수 있음을 알 수 있습니다.

이와 같은 정부 주도의 태양광 사업에 참여하기 위해서는 이 신재생에너지 발전설비기사 자격증이 필요하며, 자격증을 얻었을 때 신재생에너지 발전소나 모든 건물 및 시설의 신재생에너지 발전시스템 설계 및 인. 허가, 신재생에너지 발전설비 시공 및 감독, 신재생에너지 발전시스템의 시공 및 작동상태를 감리, 신재생 에너지 발전설비의 효율적 운영을 위한 유지보수 및 안전관리 업무 등을 수행할 수 있는 곳에 취업할 수 있다는 점을 들 수 있습니다.

이러한 신재생에너지 발전설비기사(산업기사)를 준비하고자 하는 수험생들을 위하여 이 책을 펴내었으며, 본 자격증 시험 합격을 위한 시험내용과 개념 등을 편집하였고, 핵심문제만을 엄선하여 뽑아냄과 동시에 그것에 대한 상세한 해설정리를 통한 이해 등을 통하여 본 책을 구독하는 수험생들에게 도움을 주고자 하는 방향으로 출판하게 되었습니다.

끝으로 좋은 책을 만들기 위해 어려운 상황에서도 끝까지 애써주신 한올출판사 임순재 대표님과 최혜숙 실장님 이하 임직원 여러분께 감사의 마음을 전합니다.

차 례

PART 1

태양광발전시스템 기획

1 부지선정과 음영분석

1. 부지선정 시 고려사항

(1) 지리적인 조건

토지의 방향, 경사도, 지질상태 등을 토지대장, 지적공부, 지형도 등을 검토한다.

(2) 지정학적 조건

기상청 자료 등을 근거로 일사량 및 일조량 등을 검토한다.

(3) 건설상 조건

부지의 접근성 및 주변환경, 민원발생 가능여부 등을 검토한다.

(4) 행정상의 조건

해당 지자체 관련부서 등을 통해 인허가 관련 각종 규제 등을 검토한다.

(5) 전력계통과의 연계조건

지역 한국전력지사를 통해 전력계통 인입선 위치 등을 검토한다.

(6) 경제성 조건

부지매입 가격 및 부대공사비 등을 연계하여 검토한다.

2. 부지선정 절차

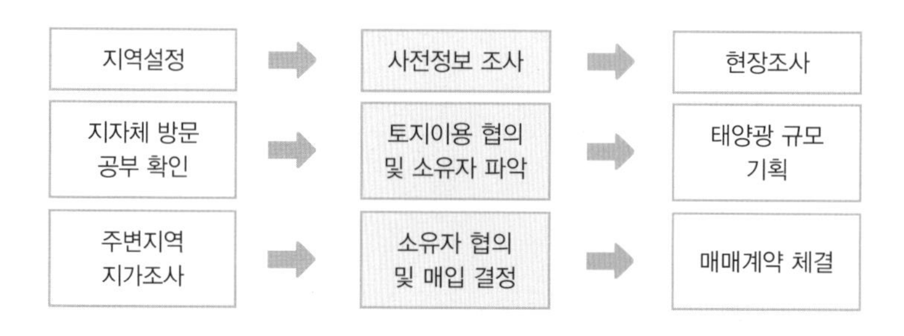

(1) 지역설정 및 정보수집

1) 지역설정

태양광발전소 건설 예상 후보지를 선정한다.

2) 지역정보수집

① 지역별 일사량 및 일조량

㉠ 태양광 발전량의 의존도가 높은 기후조건 중 일사량과 온도조건을 최우선적으로 고려한다.

㉡ 전국 연평균 일사량[3,039.2(kcal/㎡)],일조량[2,613.7(kWh/㎡)]이 3.5시간 이상인 지역을 고려한다.

② 지자체의 신재생에너지 유치 의지가 어느 정도인지를 확인한다.

(2) 현장조사

1) 1차 조사

① 대상토지선정

태양광 발전소 건설 예상부지를 선정한다.

② 주변상황조사

일사량, 토지의 이용상태 및 주변토지 이용상태를 조사한다.

2) 2차 조사

① 1인 이상 동반하여 1차 조사를 반복한다.

② 현장조사는 입지선정을 위한 조사단계에서 행했던 전반적인 지역조사와는 달리 매입대상 부동산에 대한 집중적인 조사가 이루어져야 하며 관련 공부를 통해 파악했던 부동산의 권리 외에 현장실사를 통해 지적도와 실제부지 형상을 비교함으로서 점유상태의 확인도 이루어 져야 한다. 그 외의 검증해야 할 사항이 있으면 함께 확인한다.

(3) 지자체 방문

지자체를 방문하여 토지에 관련된 사항을 기록한 공부(토지이용계획확인원, 토지대장지적도, 임야도 등)를 확인한다.

(4) 소유자 파악

토지면적, 소유자 파악, 토지이용 등에 관해 지자체 관계자와 협의한다.

(5) 주변지역 지가조사

공시지가 확인 및 주변지역 실제 토지 매매가를 조사한다.

(6) 소유자 협의

소유주와 매매 및 가격을 협의 · 결정한다.

(7) 매매계약 체결

협의 완료 시 즉시 매매계약을 체결한다.

체크포인트

부지매입 검토 사항

1. 토지분석

목록	분석내용	구분
현황 및 위치 분석	• 신청부지의 진입도로 및 배수로 확인 • 지형도상의 위치 확인	(현장확인)
경사도 분석	• 경사도 분석에 의한 인허가 상의 법적 검토 • 경사도 분석에 의한 사업성 검토	
토지이용계획 확인원 분석	• 개발가능 구역 검토 • 건설 인허가 신청 시 체크사항 검토	
지적공부 확인	• 지적도(임야도)와 토지대장(임야) 상의 면적 검토 • 임야 토지로 등록 전환 시 면적 가 · 감 검토 • 공지지가 확인	
인근 개발지(면적) 확인	• 사업부지와 연접한 토지의 개발 상황을 검토 • 연접관련 법조항의 저촉여부 검토(추후 확장성 관련) • 연접 저촉 시 개발 가능 검토	(현장확인)

2. 현황분석

(1) 실제 인·허가 가능여부를 지방자치단체에서 직접 체크
(2) 지적도(임야도) 체크
(3) 토질 체크(암반 또는 점토)
시공 시 변수 고려(파일, 지하층 공사비 등 고려)
(4) 진입로 여부 및 개설 필요 시 가능성 여부 체크
(5) 계약 시 임야대장 면적과 실측 면적과의 일치 여부 확인
(6) 등기부등본의 권리 소유관계 여부 확인

(7) 법인, 종중, 학교 등의 토지인 경우
① 법인소유 부동산 매매의 경우
② 종중과의 계약
③ 학교등과의 계약(학교부지는 도시계획이 폐지되어야 함)
④ 대상부지 안에 문화재 매장여부를 체크
⑤ 도시계획시설부지 여부 확인

3. 토지이용계획

(1) 도시관리계획
① 용도지역 : 국토계획법 외
② 용도지구 : 국토계획법 외
③ 용도구역 : 국토계획법/개발제한구역의 지정 및 관리에 관한 법률
④ 도시계획시설 : 국토계획법/도시공원법/도시계획시설에 관한 규칙 외
⑤ 지구단위계획구역 : 국토계획법
⑥ 개발밀도관리구역 : 국토계획법
⑦ 기반시설부담구역 : 국토계획법
⑧ 개발행위 허가제한구역 : 국토계획법
⑨ 도시개발구역 : 도시개발법
⑩ 정비구역 : 도시 및 주거환경정비법
⑪ 도시계획입안사항; 국토계획법
(2) 군사시설 : 군사시설보호법/해군기지법/군용항공기지법
(3) 농지 : 농지법
(4) 산림 : 산림법/산지관리법
(5) 자연공원 : 자연공원법
(6) 수도 : 수도법/한강수계상수원수질개선 및 주민지원에 관한 법률
(7) 하천 : 하천법/댐건설주변지역지원에 관한 법률
(8) 문화재 : 문화재보호법
부동산관련법령은 약 119개에 지역/지구/구역은 314개

4. 일조권 분석

(1) 기후조건
- 일사량의 변동
- 적운, 적설
- 온도변화에 민감
- 입지는 동서분산형이 최적입지

(2) 공 해
- 오염, 노화, 분광
- 산업도시 : 수도권 및 부산, 대전 등
- 도로 주변

(3) 위치방향성
- 그늘 발생 온도차이로 모듈수명에 결정적 영향
- 계통연계 고려

5. 주변여건

① 차량통행이 많지 않은 곳(먼지로 인한 문제)
② 태양전지가 대부분 실리콘계로 파손되기 쉬우므로 사람의 통행이 많지 않은 곳을 선정
③ 해당 관청이 협조적 인가(인허가의 문제) : 개발행위허가, 발전사업허가, 도시계획시설결정
④ 지역주민의 민원발생

6. 인·허가

인허가란 부지조성 또는 토지의 형질변경, 산지전용, 농지전용 등의 허가를 말하며, 더 나아가 국토계획 및 이용에 관한 법률 상의 지구단위계획 수립, 도시계획시설 결정 및 그 시행 허가 개발행위허가 등을 득하는 것으로 관청의 허가 없이는 무단으로 형질을 변경하거나 건축물 및 구조물을 신축/증축/개축 하는 행위를 할 수 없으며, 인·허가를 받아야만 목적사업을 위한 건축허가 및 공사 등의 행위를 시행할 수 있다.

(1) 주요 인·허가의 종류

국토이용계획의 변경, 도시계획시설결정, 도시계획사업시행허가, 산림훼손허가, 사도개설허가, 농지전용허가, 분묘이장허가, 구거점용허가 등이 있다.

(2) 개발행위 허가

해당 기초지자체에 복합민원에 심사청구를 한다.

① 발전용량 200kW 이하의 태양광설비는 도시계획시설의 결정 없이도 설치가 가능
② 개발행위허가 규모(규모 이상 초과 도시계획사업)
㉠ 도시지역
- 주거, 자역녹지지역 : 10,000m² 미만
- 공업지역 : 30,000m² 미만
- 보전녹지지역 : 5,000m² 미만

㉡ 관리지역 : 30,000m² 미만
㉢ 농림지역 : 30,000m² 미만
㉣ 자연환경보전지역 : 5,000m² 미만

(3) 환경영향 평가

① 보전관리지역 : 사업계획 면적이 5,000m² 이상
② 생산관리지역 : 사업계획 면적이 7,500m² 이상
③ 농림지역 : 사업계획 면적이 7,500m² 이상
④ 자연환경보전지역 : 사업계획 면적이 5,000m² 이상
⑤ 개발제한구역 : 사업계획 면적이 5,000m² 이상
⑥ 자연유보지역 : 사업계획 면적이 5,000m² 이상
⑦ 공익산지 : 사업계획 면적이 10,000m² 이상
⑧ 공익산지 외 : 사업계획 면적이 50,000m² 이상

전산발급에 따라 기발급된 토지이용계획확인원과 상이한 경우
건축 및 매매 등 중요한 사항은 관계직원에게 재확인 바랍니다.

<table>
<tr><td colspan="5" rowspan="2">토지이용계획확인(신청)서</td><td>처리기간</td></tr>
<tr><td>1일</td></tr>
<tr><td colspan="2">신청인</td><td>성 명</td><td></td><td>주 소</td><td></td></tr>
<tr><td colspan="2" rowspan="2">대상자</td><td colspan="2">토지소재지</td><td>지번</td><td>지적(m²)</td></tr>
<tr><td colspan="2">경기도 남양주시 와부읍 덕소리</td><td>462-64</td><td></td></tr>
<tr><td rowspan="18">확인내용</td><td rowspan="3">1</td><td rowspan="3">국토이용</td><td>용도지역</td><td colspan="2">도시지역</td></tr>
<tr><td>용도지구</td><td colspan="2">[해당없음]</td></tr>
<tr><td>개발계획등의 수립여부</td><td colspan="2">[해당없음]</td></tr>
<tr><td rowspan="6">2</td><td rowspan="6">도시계획</td><td>용도지역</td><td colspan="2">일반상업지역</td></tr>
<tr><td>용도지구</td><td colspan="2">[해당없음]</td></tr>
<tr><td>구 역</td><td colspan="2">[해당없음]</td></tr>
<tr><td>지구단위계획 구역</td><td colspan="2">[해당없음]</td></tr>
<tr><td>도시계획시설</td><td colspan="2">도로접함</td></tr>
<tr><td>기 타</td><td colspan="2">[해당없음]</td></tr>
<tr><td>3</td><td>군사시설</td><td colspan="3">[해당없음]</td></tr>
<tr><td>4</td><td>농 지</td><td colspan="3">[해당없음]</td></tr>
<tr><td>5</td><td>산 림</td><td colspan="3">[해당없음]</td></tr>
<tr><td>6</td><td>자연공원</td><td colspan="3">[해당없음]</td></tr>
<tr><td>7</td><td>수 도</td><td colspan="3">[해당없음]</td></tr>
<tr><td>8</td><td>하 천</td><td colspan="3">건설과 문의바람</td></tr>
<tr><td>9</td><td>문 화 재</td><td colspan="3">[해당없음]</td></tr>
<tr><td>10</td><td>전원개발</td><td colspan="3">[해당없음]</td></tr>
<tr><td>11</td><td>토지거래</td><td colspan="3">[해당없음]</td></tr>
<tr><td></td><td colspan="2">기타</td><td colspan="3">[해당없음]</td></tr>
<tr><td colspan="5" rowspan="2">귀하의 신청에 대한 현재의 토지이용계획사항을 위와 같이 확인합니다.

2003년 06월20일
남 양 주 시 장</td><td>수 수 료</td></tr>
<tr><td>천원
(관할시, 군 도는 구가 아닌 경우에는 2천원)</td></tr>
</table>

3. 일사량과 일조량

(1) 일사량(日射量)

일사량은 태양에서 오는 빛의 복사에너지(일사)가 지표면에 닿는 양을 말한다. 일사량은 태양광선에 직각으로 놓은 1㎠ 넓이에 1분 동안의 복사량(輻射量)으로 측정한다. 하루 중의 일사량은 태양고도가 가장 높은 때인 남중할 때, 1년 중 하지 경에 일사량은 최대가 되는데 이는 태양의 고도가 높으므로 지표면에 도달하기까지 통과하는 대기의 두께가 얇기 때문이다. 즉 태양의 고도가 높을수록 일사량 또한 증가하며 태양이 천장에 위치할 때 일사량은 최대가 된다.

한편 국소적인 일사량은 지역에 따라 큰 차이를 보이는데 산이나 거대한 구조물 등 지형에 의한 그림자에 의한 경우도 있고, 연중 맑은 날의 숫자의 차이에 의한 경우도 있다. 이러한 일사량의 차이는 국내에서 태양광발전소 등을 건립하기 위한 부지선정에 주요한 고려대상이 된다.

우리나라에서는 호남과 영남지역의 1일평균일사량이 가장 높아 태양광발전소 발전조건에 가장 적합한 것으로 되어 있다.

그림 1-1 우리나라 1일평균일사량

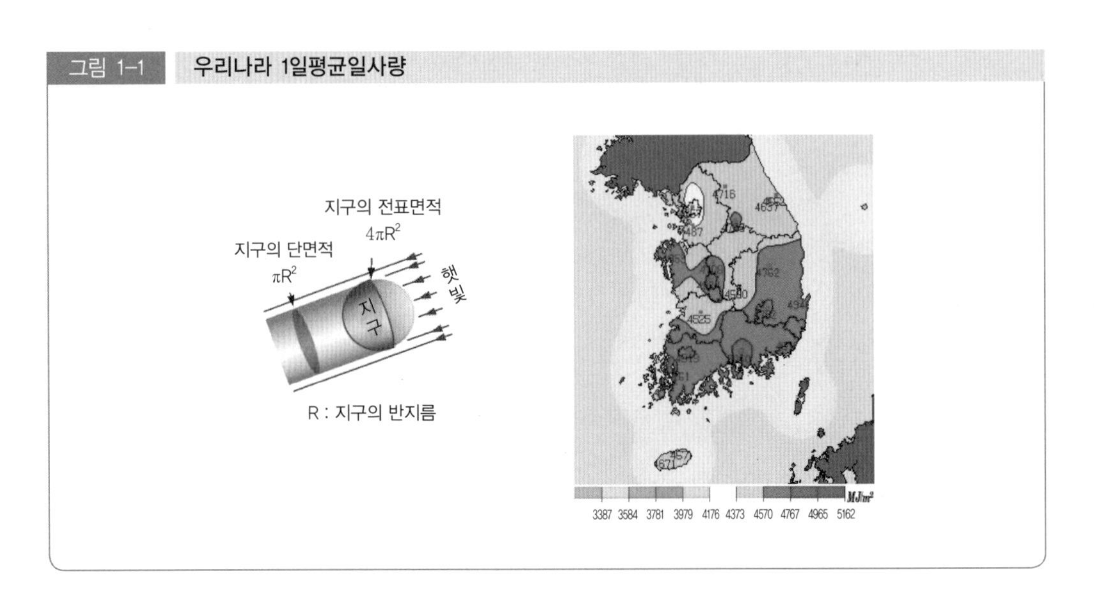

(2) 일조량(日照量)

일조량은 태양의 직사광선이 구름, 안개, 먼지 등에 차단되지 않고 지표면에 비치는 햇볕의 양을 말한다. 하룻동안 혹은 정해진 시간동안 빛이 지상에 비춰졌는가 하는 것을 측정한다. 때문에 일조량의 단위는 주로 시간이 된다.

태양의 중심이 동쪽의 지평선 위로 나타나서 서쪽의 지평선으로 질 때까지의 시간을 가조시간(可照時間)이라고 하며 실제로 지표면에 태양이 비쳐진 시간을 일조시간(日照時間)이라 하는데, 구름에 없는 맑은 날씨일 경우에는 가조시간과 일조시간이 일치하지만 구름이 많아지면 많은 만큼 일조시간은 짧아진다. 가조시간에 대한 일조시간의 비를 일조율(日照率)이라고 한다.

4. 태양궤적 및 음영

(1) 태양의 고도와 방위각

1) 태양의 고도(高度, Altitude)

지평선을 기준으로 하여 측정한 천체의 높이를 각도로 나타낸 것을 고도라 하며. 지평선을 기준으로 하여 태양의 높이를 각도로 나타낸 것을 태양의 고도라 한다. 태양의 고도는 해가 뜬 후 점점 높아져 낮 12시에 가장 높고, 낮 12시가 지나면 다시 낮아진다. 태양이 지평선에 있을 때 태양의 고도는 0도 이고, 머리 위에 있을 때는 90도 이다. 태양이 정남의 위치에 왔을 때의 고도를 태양의 남중고도라 하는데, 우리나라는 약 12시 30분경이며, 이 때가 하루 중 그림자의 길이가 가장 짧다. 계절에 따라 태양의 고도도 달라지는데, 하지 때 태양의 고도가 가장 높고, 동지 때 가장 낮다.

태양의 고도에 의해 태양전지판의 설치각도 및 전후면 이격거리가 결정된다.

그림 1-2 태양의 남중고도와 계절의 변화

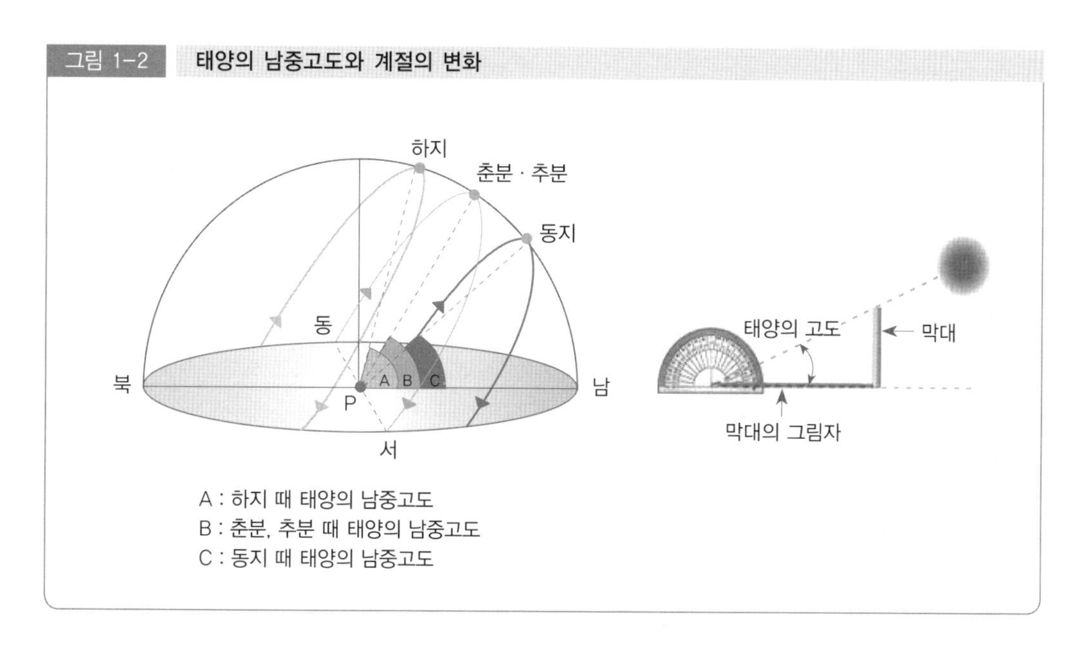

2) **방위각**(方危角, Azimuth)

방위를 나타내는 각도로, 관측점으로부터 정남을 향하는 직선과 주어진 방향과의 사이의 각으로 나타내며 정남에서 서쪽으로 돌면서 0~360° 측정하지만, 일반적으로는 서쪽으로 돌면서 측정하는 경우를 +, 동쪽으로 돌면서 측정하는 경우를 -로 한다. 이각은 천구에 대하여 말하면 지평선상에서 자오선과의 교점과 방위각과의 교점인 두점간의 각 거리에 해당된다. 또 일반적으로 태양 방위각은 정면으로부터의 편위각도(S-30°-E, S-40°-W등)로 나타낸다.

그림 1-3 방위각

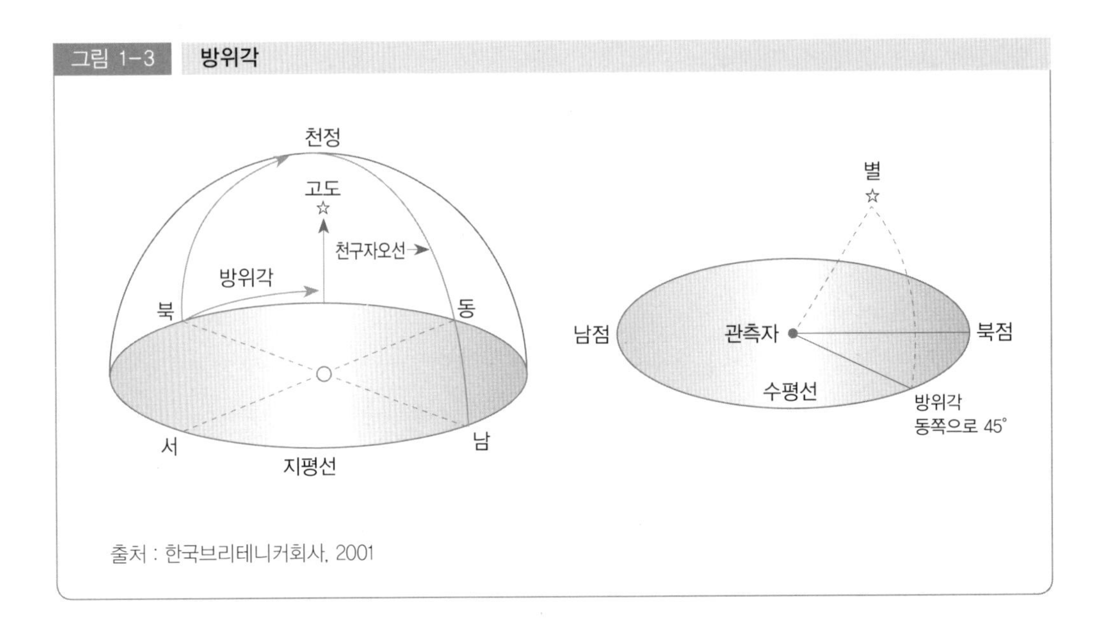

출처 : 한국브리테니커회사, 2001

(2) **태양궤적도**(太陽軌跡圖, Sun Path Diagram)

태양궤적도는 년중 태양의 궤적을 방위각(azimuth)과 고도각(altitude)을 이용, 차트로 표현한 것으로 태양궤적도를 이용하면 특정 지역, 특정 시각에서의 태양위치와 일출, 일몰시간 등을 파악할 수 있다. 방위각은 보통 정남 : 0°, 남동 : -45°, 정동 : -90°, 남서 : 45°, 정서 : 90° 등으로 표현한다.

1) **태양궤적도의 종류**

① 신 태양궤적도(수평사영 태양궤적도)

수평면상에 투영된 태양궤적을 나타낸 그림으로 종래의 태양궤적도는 균시차를 고려하여 진태양시의 환산작업이 필요하므로 사용 상 번거롭고 많은 오차가 있을 수 있었다. 따라서 균시차가 고려된 신 태양궤적도를 사용하는 것이 간편하다.

그림 1-4 **태양궤적의 투영모습**

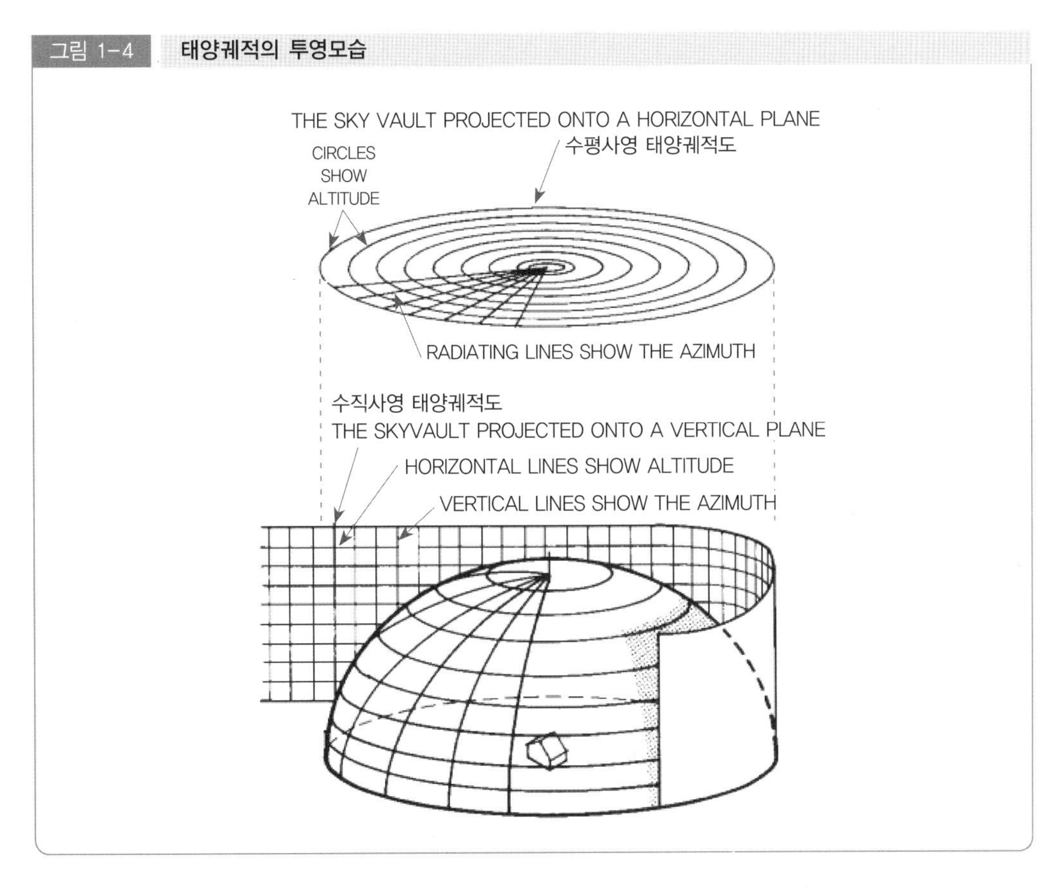

그림 1-5 **신 태양궤적도**(서울 : 북위 37° 34′, 동경 126° 58′)

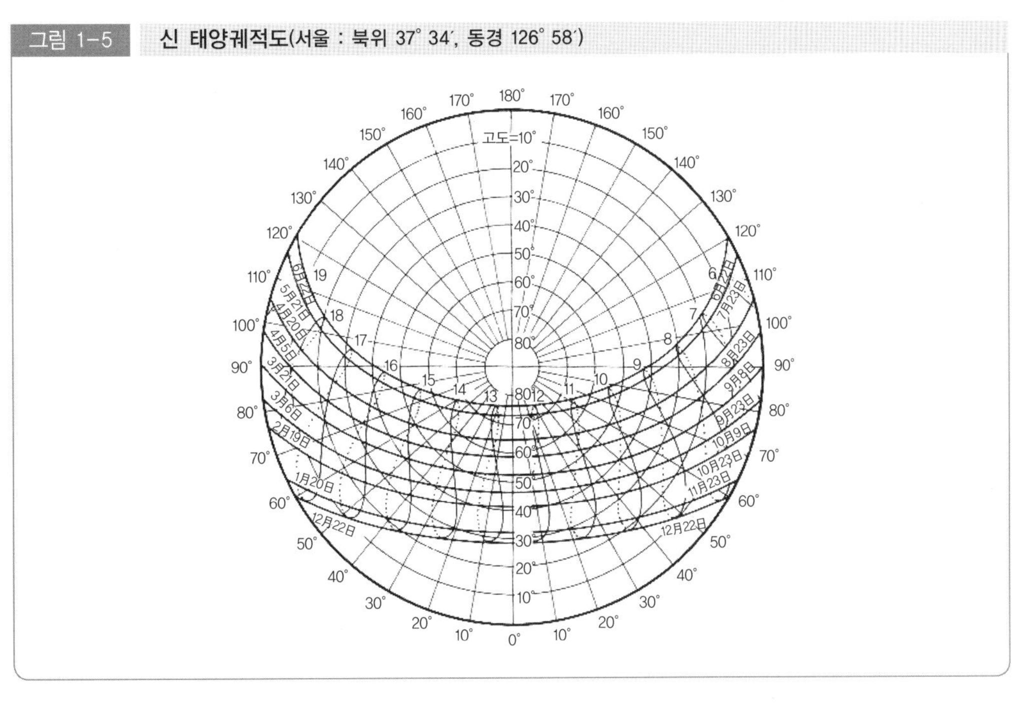

※ **균시차**(均時差, Equation of time)

시태양시와 평균태양시의 차이를 말한다. 지구에서 보았을 때, 태양은 황도를 따라 움직인다. 그러나 지구의 공전궤도가 타원궤도이므로 궤도상의 속도가 다르고(그림의 점선), 황도는 천구의 적도와 23.5° 기울어져 있기 때문에(그림의 파선) 태양일의 기간은 일정하지 않다. 따라서 실제 태양을 시계로 사용하면 일정치 않으므로 우리는 가상의 태양이 천구의 적도를 일정한 속도로 운행하는 시계가 필요하다. 실제 태양이 가리키는 시각을 시태양시라 부르고, 가상의 태양이 가리키는 시각을 평균태양시라 부르면 이 두 시각 간에는 차이가 있다. 이를 균시차(그림의 실선)라 부른다.

그림 1-6 균시차

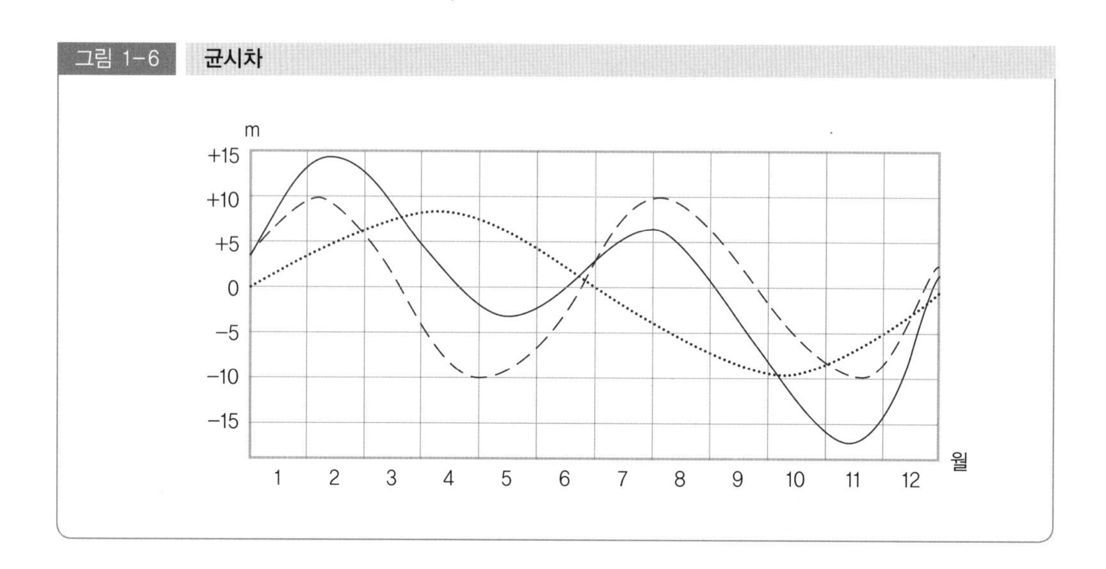

체크포인트

신 태양궤적도를 이용한 태양의 고도와 방위각 구하기

서울지방에서 하지(6월 22일)와 동지(12월 22일) 때 오후 3시의 태양고도와 방위각

1. 하지 때의 고도와 방위각
   ① 6월 22일 궤적도를 찾는다.
   ② 오후 3시의 실선과 점선 중에서 실선과 만나는 점을 잡는다(red point).
   ③ 이 점은 동심원의 값이 56° 이다(고도).
   ④ 이 점은 방사선을 연장하여 가장 큰 원호와 만나는 점의 값이 76° 이다(방위각).

2. 동지 때의 고도와 방위각
   ① 12월 22일 궤적도를 찾는다.
   ② 오후 3시의 실선과 점선 중에서 실선과 만나는 점을 잡는다(blue point).
   ③ 이 점은 동심원의 값이 20° 이다(고도).
   ④ 이 점은 방사선을 연장하여 가장 큰 원호와 만나는 점의 값이 37° 이다(방위각).

그림 1-7 신 태양궤적도를 이용한 태양의 고도와 방위각

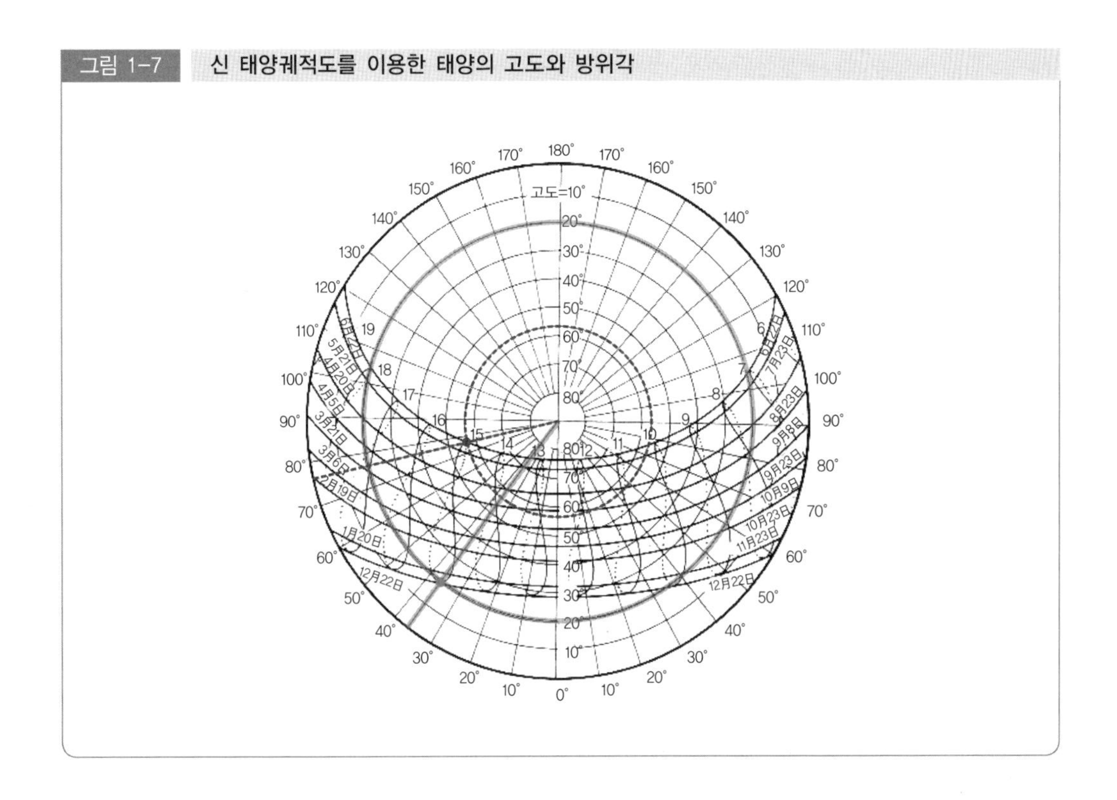

☆ 태양궤적도를 구성하는 선의 종류

① 방위각선 : 수평사영 태양궤적도에서는 방사선, 수직사영 태양궤적도에서는 수직선을 말한다.

② 고도각선 : 수평사영 태양궤적도에서는 동심원, 수직사영 태양궤적도에서는 수평선을 말한다.

③ 태양궤적선 : 날짜별로 그려진 곡선을 말한다.

④ 시간선 : 날짜별 태양궤적선상에 연결되어 표시된 곡선을 말한다.

② 신월드램 태양궤적도(수직사영 태양궤적도)

수직면상에 투영된 태양궤적을 나타낸 그림을 말한다. 신월드램 태양궤적도는 관측자가 천구상의 태양경로를 수직 평면상의 직교좌표로 나타낸 것으로 태양의 궤적을 입면 상에 그릴 수 있기 때문에 매우 이해하기 쉽고 편리하다. 특히 태양열 획득을 위한 건물의 향, 외부공간계획, 내부의 실 배치, 차양장치, 식생 및 태양열 집열기(어레이)의 설계를 하는데 필수적이다

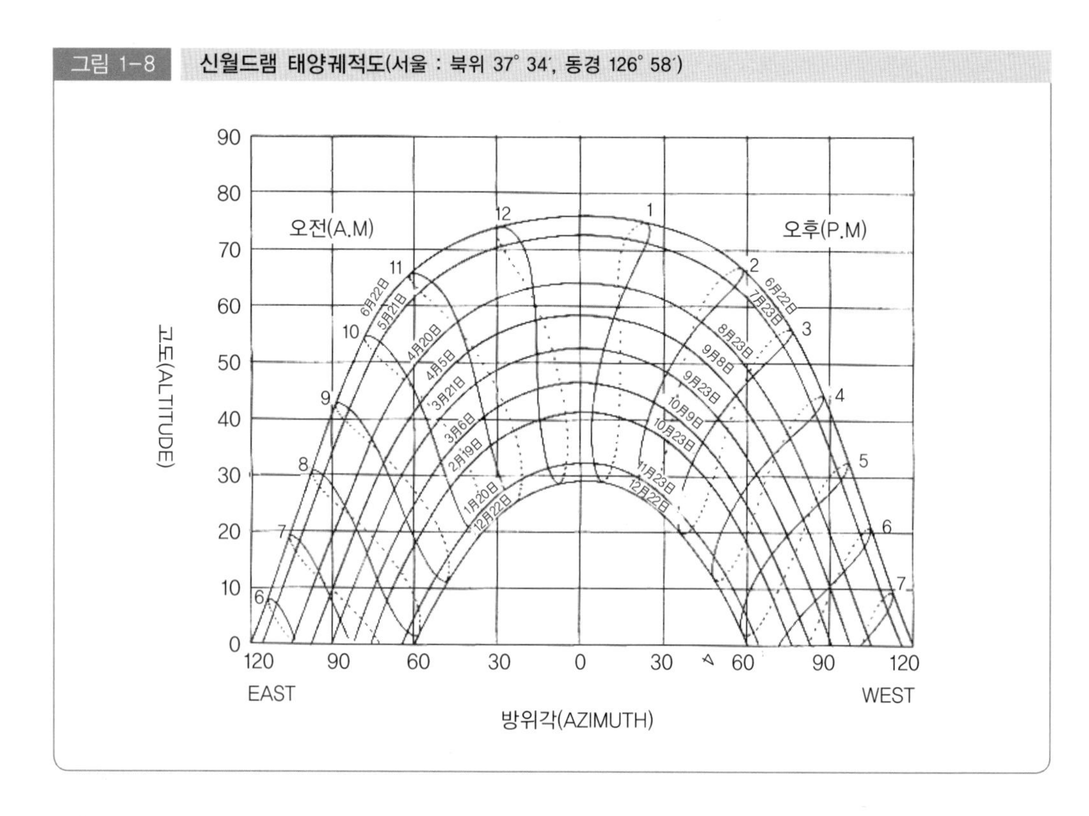

그림 1-8 신월드램 태양궤적도(서울 : 북위 37° 34′, 동경 126° 58′)

체크포인트

외기온에 따른 태양궤적도 분석

① 하절기 외기온이 26.7도 이상이 되는 시간은 오전 10시부터 해가 지기 이전까지인 오후 7시까지로 나타났으며 이는 정남향의 건물에 있어서 남측과 서측의 일사를 차단할 수 있는 차양장치가 필요함을 의미한다.

② 중간기의 외기온이 12.2도 이하가 되는 시간은 오전 5시부터 오후 9시까지이며 이때에는 동측의 일사를 적극 유입할 필요가 있다.

③ 동절기에는 하루종일 외기온이 12.2도 이하가 되므로 이는 건물의 방향과는 무관하게 일사를 유입해야 한다.

(3) 음영의 발생요인 및 대책 분석

1) 음영(shade and shadow, shadow, 陰影)의 발생요인

음영이란 그늘진 부분. 건물이나 물체에 광선이 비치어 생기는 그림자와 그늘을 말한다.

음영은 그림에서 보여주는 바와 같이 건물자체에 있는 매스요소(난간, 냉각탑 등), 인접건물과 식재 등의 장애물 또는 PV모듈 구조체 상호 간에 의해 발생된다.

그림 1-9 음영의 발생요인

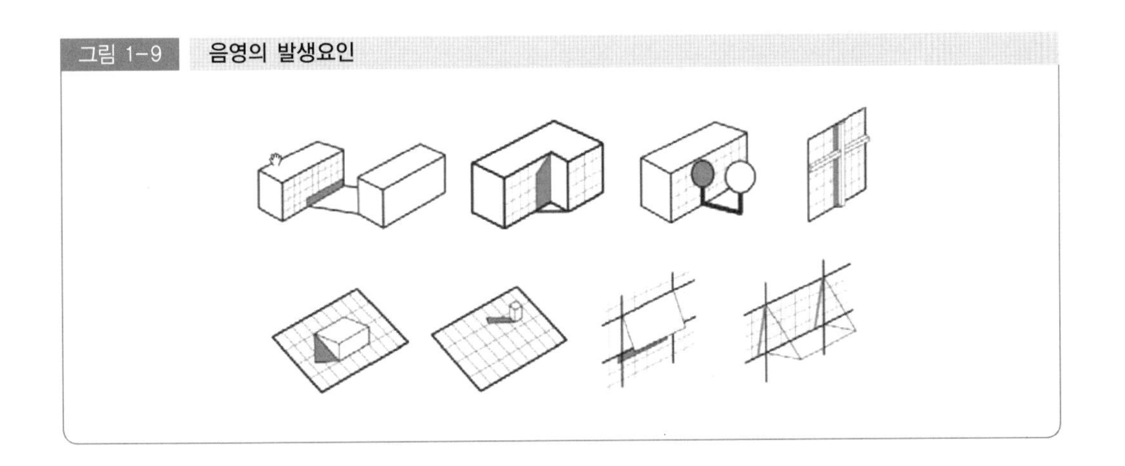

PV모듈에 음영이 드리워질 경우 직접 전달되는 일사량 자체가 줄어들기 때문에 발전량이 감소하는 것이 당연하지만 부분음영에 의한 전체시스템의 발전량 감소도 매우 큰 영향요소이다. 직렬로 연결된 태양전지의 일부분에 음영이 지면 마치 배관 내 일부분에 병목현상이 발생하는 것과 같은 원리로 전체 시스템의 발전효율도 크게 감소한다.

2) 음영의 대책

이에 대한 대책으로 태양전지 어레이의 최적설계 및 음영이 드리워진 부분을 바이패스(By-Pass)할 수 있도록 바이패스 다이오드(By-Pass Diode)를 PV모듈 내부에 삽입하여 설계하고 일반적으로 그늘과 같은 방향으로 직렬배선하는 것이 유리하며, 최적의 설계는 그늘의 모양이나 움직이는 방향이 다양하기 때문에 음영도를 작성한 뒤에 종합적으로 배선계획을 검토하는 것이 필요하다.

3) 음영의 분석

그림 1-10 음영의 분석

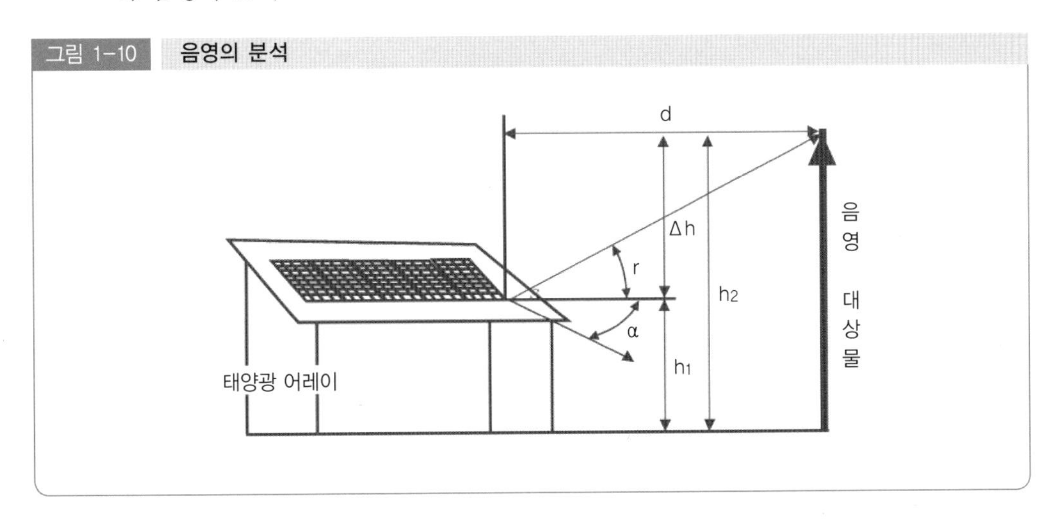

① 계산에 의한 분석

$$\tan r = \frac{h_2 - h_1}{d} \text{ 에서 상승각 } r = \tan^{-1}\frac{h_2 - h_1}{d}$$

② 어안렌즈 카메라 + 소프트웨어 내장 분석기 : suneye 210 등

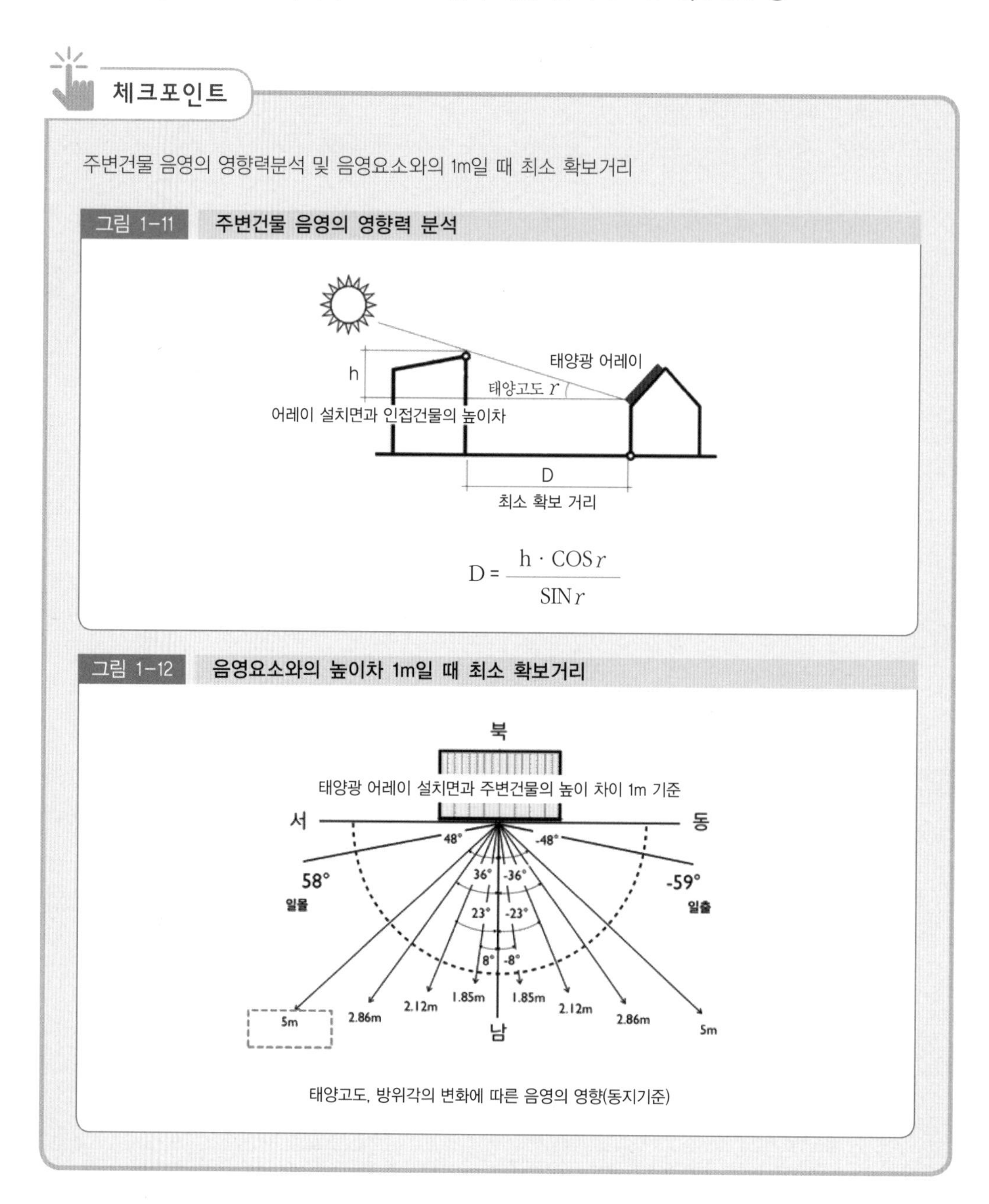

2 경제성, 사업타당성 분석 및 공사비 산정

1. 경제성, 사업타당성 분석

(1) 비용편익분석(費用便益分析, Cost-Benefit Analysis)방법

사업계획에 있어서 사업대안의 집행에 필요로 하는 비용과 그것에서 얻어지는 편익을 화폐로 환산하여 비교 · 평가하고 그 안을 실시해도 바람직한가를 검토하는 방법을 말한다. 비용과 편익은 장래 시점에 걸쳐 발생하는 것으로 현재가치로 환산하여 양자의 비율 또는 차를 가지고 평가기준으로 삼는 것이 일반적이다.

정책결정 또는 기획과정에서 대안(代案)을 분석 · 평가할 때 흔히 사용되는 분석기법으로, 비용편익분석은 몇 개의 대안(alternatives)이 저마다 제시한 프로젝트[세부 사업계획]에 의하여 생겨나는 편익(便益)과 비용(費用)에 대하여 각각 측정하고, 그 편익의 크기(금액)와 비용의 크기(금액)를 비교 평가하여 가장 합리적이고 효과적이라 파악되는 대안을 선택하기 위하여 활용된다.

그러나 이 분석기법은 대안의 성과를 화폐가치로 환산해서 측정할 수 있는 것에만 적용되며, 화폐가치로 환산할 수 없고 다만 계량적(수량적)으로 측정할 수 있는 것에는 비용효과분석(費用效果分析)의 기법이 적용된다.

비용편익분석의 지표로는 순현재가치(Net Present Value, NPV), 내부수익율(Internal Rate of Return, IRR), 편익비용비율(Benefit-Cost Ratio, B/C Ratio) 등이 있으며 어느 것이든 프로젝트 선택기준으로서 잘 이용된다.

① 순현재가치법(NPV, Net Present Value method)

순현재가치는 연도별 순편익의 흐름을 합산하여 현재의 화폐가치로 하나의 숫자로 나타낸 것이다. NPV가 0보다 크면 투자가치가 있는 것으로, 0보다 작으면 투자가치가 없는 것으로 평가한다.

순현재가치 = 현금유입의 현재가치 - 현금유출의 현재가치

② 내부수익율법(IRR, Internal Rate of Return method)

내부수익률이란 어떤 사업에 대해 사업기간 동안의 현금수익 흐름을 현재가치로

환산하여 합한 값이 투자지출과 같아지도록 할인하는 이자율을 말한다. 즉 순현재가치가 0이 되도록 하는 할인율을 말한다.

③ 편익비용비율법(B/C Ratio, Benefit-Cost Ratio method)

편익-비용비율은 투자사업으로부터 발생하는 편익흐름의 현재가치를 비용흐름의 현재가치로 나눈 비율을 말한다.

※ **할인율**

할인율은 미래가치가 현재 얼마만큼의 가치를 가지는가 알아내는데 쓰이는 비율이라고 할 수 있다. 오늘 소비되는 만원은 시간이 지날수록 만원보다 훨씬 더 가치가 있을 것이다. 아무리 비용과 편익이 정확하게 추정되었다고 할지라도 이 할인율의 선택이 잘못되면 사업대안에 대한 올바른 평가가 이루어지기 어렵기 때문에 할인율의 선택은 제안된 계획사업의 평가에 있어서 매우 중요한 과정이다. 편익과 비용의 추정결과가 그 사업을 채택하도록 하거나 부결하도록 하는 서로 다른 결론에 도달하게 하는 등의 큰 차이를 가져올 수 있다.

(2) **원가분석방법**(原價分析, Cost analysis)

원가수치를 분석하여 경영활동의 실태를 파악하고, 일정한 해석을 내리는 작업을 원가분석이라 한다.

일반적으로 원가분석은 비교형식으로 하는 일이 많으므로, 넓은 뜻의 원가분석은 원가비교와 동의어로 해석되기도 한다. 원가분석을 실적원가를 분석하는 것이라고 설명한다면, 실적원가는 실제원가계산의 결과에서 얻어지므로 실제원가계산의 순서에 대응하여 형식적으로는 요소별 분석, 부문별 분석 및 제품별 분석으로 나눌 수 있다.

절대액의 비교분석 방법으로는 기간비교와 상호비교가 있으며, 상대액의 비교분석 방법으로는 제품원가의 구성비율분석, 요소원가 · 부문원가 · 제품원가의 지수분석, 요소원가와 조업도의 상관분석 등을 들 수 있다. 제품원가의 구성비율분석이란 제품원가를 구성하는 재료비 · 노무비 · 경비 등의 구성비율을 산출하는 것을 의미한다. 요소원가 · 부문원가 · 제품원가의 지수분석이란 각 원가의 어떤 기간의 금액을 100으로 하고, 그 후의 기간의 금액을 백분율로 표현한 것으로, 경향을 파악하는 것이 목적이다. 또한 요소원가와 조업도의 상관분석이란 몇 기간의 실적원가로부터 고정비나 변동률을 산출하는 것을 의미한다.

2. 공사비 산정

(1) 공사비 산정의 의의

공사비 산정(적산)이란 좁은 의미로는 공사입찰계약단계에서 설계도서를 바탕으로 시공에 필요한 노무, 자재, 기계 등의 소요량을 산출하여 도급공사비를 산정하는 과정으로 이 결과를 예정가격이라 한다.

넓은 의미로는 건설사업 전 단계에 걸쳐 예산범위 내에서 최적의 목적물을 설계 · 시공하여 발주자의 투자비용에 대한 가치를 극대화할 수 있도록 건설비용을 합리적으로 예측, 계획, 관리하는 과정을 말한다.

(2) 공사비 산정 방법

1) 원가계산에 의한 가격

원가비목을 재료비, 노무비, 경비, 일반관리비, 이윤으로 구분하여 표준품셈을 기초로 공사예정가격을 산정하는 방식이다.

① 공사원가

공사원가라 함은 공사시공과정에서 발생한 재료비, 노무비, 경비의 합계액을 말한다.

② 재료비

제품의 제조를 위하여 소비되는 물품의 원가를 재료비 또는 원료비라 한다.

㉠ 직접재료비

완성된 제품의 육안으로 보이는 부분이나, 제품을 완성시키는데 직접 소요되었을 것으로 여겨지는 재료비를 말한다.

- 주요재료비 : 공사목적물의 기본적 구성형태를 이루는 물품의 가치
- 부분품비 : 공사목적물에 원형대로 부착되어 그 조성부분이 되는 매입부품 · 수입부품 · 외장재료 및 규정에 의한 경비로 계상되는 것을 제외한 외주품의 가치

㉡ 간접재료비

생산되는 제품에 소비되어 그 제품의 원가로서 직접 부과할 수 있는 직접재료비 외의 재료비가 이에 해당된다.

- 소모재료비 : 기계오일, 접착제, 용접가스, 장갑 등 소모성 물품의 가치
- 소모공구 · 기구 · 비품비 : 내용년수 1년 미만으로서 구입단가가 「법인세법」 또는 「소득세법」 규정에 의한 상당금액 이하인 감가상각대상에서 제외되는 소모성 공구 · 기구 · 비품의 가치
- 가설재료비 : 비계, 거푸집, 동바리 등 공사목적물의 실체를 형성하는 것은 아니나 동시공을 위하여 필요한 가설재의 가치

③ 노무비

사용자가 체력 또는 지력에 의한 노동에 대해서 대상으로서 지불할 비용. 노무비의 내용은 임금 · 급료 · 상여 · 수당 등이 있고, 재료비 · 경비 등과 함께 비용

의 3대 요소의 하나로 분류된다.

㉠ 직접노무비

특정제품만을 생산하는데 들어간 노무비를 말한다.

- 기본급(「통계법」 제4조의 규정에 의한 지정기관이 조사·공표한 단위당가격 또는 기획재정부장관이 결정·고시하는 단위당가격으로서 동단가에는 기본급의 성격을 갖는 정근수당·가족수당·위험수당 등이 포함된다)
- 제수당(기본급의 성격을 가지지 않는 시간외 수당·야간수당·휴일수당 등 작업상 통상적으로 지급되는 금액을 말한다)
- 상여금
- 퇴직급여충당금

㉡ 간접노무비

여러 가지 제품을 만드는데 공통적으로 들어간 노무비를 말한다.

④ 경비

제품의 제조원가를 구성하는 원가요소로 재료비 · 노무비 이외의 것을 경비라고 한다. 경비의 내용은 갈래가 많은데 예를 들면 후생복리비, 부동산이나 동산 임차료, 특허권 사용료, 보험료, 수선비, 전력료, 광열비, 수도료, 운임, 보관료, 조세공과, 여비 또는 교통비, 접대비, 재고감소비, 외주가공비, 잡비, 감가상각비 등이다. 이 중에 제조에 직결되는 것은 제조경비, 판매에 관련되는 것은 판매비, 기업의 전반적 관리에 충당되는 것은 일반관리비이다.

⑤ 일반관리비

제조, 판매 등 현업부문의 비용이 아니고 총무부, 인사부, 경리부 등과 같은 일반관리부문의 비용으로서 임원이나 사무원의 급료수당, 감가상각비, 지대, 집세, 수선비, 사무용 소모품비, 통신교통비, 보험료, 교제비 등이다. 이 일반관리비는 매출원가나 판매비와 함께 영업비용의 1 과목이며 영업이익을 많이 내려면 일반관리비를 절약하는 것이 필요하다.

⑥ 이윤

기업의 총수입에서 일체의 생산비, 곧 지대(地代) · 임금 및 이자 등을 공제한 잉여소득을 말한다. 이윤은 영업이익을 말하며 공사원가 중 노무비, 경비와 일반관리비의 합계액(이 경우 기술료 및 외주가공비는 제외한다)에 이윤율 15%를 초과하여 계상할 수 없다.

⑦ 공사손해보험료

건설공사 중에 발생한 물적 손해를 담보하는 공사손해보험에 가입할 때 지급하는 보험료를 말한다. 보험가입대상 공사부분의 총공사원가(재료비, 노무비, 경비, 일반관리비 및 이윤의 합계액을 말한다. 이하 같다)에 공사손해 보험료율을 곱하여 계상한다.

2) 실적공사비에 의한 가격

실적공사비에 의한 예정가격은 직접공사비, 간접공사비, 일반관리비, 이윤, 공사손해보험료 및 부가가치세의 합계액으로 한다.

① 직접공사비

㉠ 직접공사비란 계약목적물의 시공에 직접적으로 소요되는 비용을 말하며, 계약목적물을 세부 공종(계약예규「정부 입찰·계약 집행기준」제19조 등 관련 규정에 따른 수량산출기준에 따라 공사를 작업단계별로 구분한 것을 말한다)별로 구분하여 공종별 단가에 수량(계약목적물의 설계서 등에 의해 그 완성에 적합하다고 인정되는 합리적인 단위와 방법으로 산출된 공사량을 말한다)을 곱하여 산정한다.

㉡ 직접공사비는 다음 각 호의 비용을 포함한다.

- 재료비

  재료비는 계약목적물의 실체를 형성하거나 보조적으로 소비되는 물품의 가치를 말한다.

- 직접노무비

  공사현장에서 계약목적물을 완성하기 위하여 직접 작업에 종사하는 종업원과 노무자의 기본급과 제수당, 상여금 및 퇴직급여충당금의 합계액으로 한다.

- 직접공사경비

  공사의 시공을 위하여 소요되는 기계경비, 운반비, 전력비, 가설비, 지급임차료, 보관비, 외주가공비, 특허권 사용료, 기술료, 보상비, 연구개발비, 품질관리비, 폐기물처리비 및 안전관리비를 말하며, 비용에 대한 구체적인 정의는 제19조를 준용한다.

㉢ 제1항의 공종별 단가를 산정함에 있어 재료비 또는 직접공사경비 중의 일부를 제외할 수 있다. 이 경우 제외 할 수 있는 금액의 산정은 별도로 당해 계약목적물 시공기간의 소요(소비)량을 측정하거나 계약서, 영수증 등을 근거로 하여야 한다.

㉣ 직접공사비는 각 중앙관서의 장 또는 각 중앙관서의 장이 지정하는 기관이 공종별로 직접공사비를 가능한 범위 내에서 조사 · 집계하여 비치한 금액을 활용하여 산정할 수 있다.

② 간접공사비

㉠ 간접공사비란 공사의 시공을 위하여 공통적으로 소요되는 법정경비 및 기타 부수적인 비용을 말하며, 직접공사비 총액에 비용별로 일정요율을 곱하여 산정한다.

㉡ 간접공사비는 다음 각 호의 비용을 포함하며, 비용에 대한 구체적인 정의는 제10조 제2항 및 제19조를 준용한다.

- 간접노무비
- 산재보험료
- 고용보험료
- 국민건강보험료
- 국민연금보험료
- 건설근로자 퇴직공제부금비
- 산업안전보건관리비
- 환경보전비
- 기타 관련법령에 규정되어 있거나 의무지원경비로서 공사원가계산에 반영토록 명시된 법정경비
- 기타간접공사경비(수도광열비, 복리후생비, 소모품비, 여비, 교통비, 통신비, 세금과공과, 도서인쇄비 및 지급수수료를 말한다.)

㉢ 제1항의 일정요율이란 관련법에 의해 각 중앙관서의 장이 정하는 법정요율을 말한다. 다만 법정요율이 없는 경우에는 다수기업의 평균치를 나타내는 공신력이 있는 기관의 통계자료를 토대로 각 중앙관서의 장 또는 계약담당공무원이 정한다.

㉣ 제38조의 규정에 따라 산정되지 아니한 공종에 대하여도 간접공사비 산정은 제1항 내지 제3항의 규정을 적용한다.

③ 일반관리비

㉠ 일반관리비는 기업의 유지를 위한 관리활동부문에서 발생하는 제비용으로서, 비용에 대한 구체적인 정의와 종류에 대하여는 제12조의 규정을 준용한다.

㉡ 일반관리비는 직접공사비와 간접공사비의 합계액에 일반관리비율을 곱하여 계산한다. 다만, 일반관리비율은 공사규모 별로 아래에서 정한 비율을 초과할 수 없다.

일반건설공사		전문 · 전기 · 정보통신 · 소방공사 및 기타공사	
(직접공사비+간접공사비)	일반관리비율(%)	(직접공사비+간접공사비)	일반관리비율(%)
50억원 미만	6.0	5억원 미만	6.0
50억원~300억원 미만	5.5	5억원~30억원 미만	5.5
300억원 이상	5.0	30억원 이상	5.0

④ 이윤

이윤은 영업이익을 말하며 직접공사비, 간접공사비 및 일반관리비의 합계액에 이윤율을 곱하여 계산한다. 다만, 이윤율은 10%를 초과할 수 없다.

⑤ 공사손해보험료

계약예규「정부 입찰 · 계약 집행기준」제11장에 따른 공사손해보험가입 비용을 말한다.

공사원가계산서

공사명: 공사기간:

비목 / 구분			금액	구성비	비고
순공사 원가	재료비	직접재료비			
		간접재료비			
		작업설 · 부산물 등(△)			
		소계			
	노무비	직접노무비			
		간접노무비			
		소 계			
	경비	전력비			
		수도광열비			
		운반비			
		기계경비			
		특허권사용료			
		기술료			
		연구개발비			
		품질관리비			
		가설비			
		지급임차료			
		보험료			
		복리후생비			
		보관비			
		외주가공비			
		산업안전보건관리비			
		소모품비			
		여비 · 교통비 · 통신비			
		세금과공과			
		폐기물처리비			
		도서인쇄비			
		지급수수료			
		환경보전비			
		보상비			
		안전관리비			
		건설근로자퇴직공제부금비			
		기타법정경비			
		소 계			
일반관리비[(재료비+노무비+경비)×(　　)%]					
이윤[(노무비+경비+일반관리비)×(　　)%]					
총원가					
공사손해보험료[보험가입대상공사부분의총원가×(　　)%]					

총괄집계표

공사명: 공사기간:

구 분		금 액	구성비	비 고
직접공사비				
간접 공사비	간접노무비 산재보험료 고용보험료 국민연금보험료 건강보험료 안전관리비 환경보전비 퇴직공제부금비 수도광열비 복리후생비 소모품비 여비 · 교통비 · 통신비 세금과공과 도서인쇄비 지급수수료 기타법정경비			
일반관리비				
이 윤				
공사손해보험료				
부가가치세				
합 계				

3) 공종별 실적공사비 자료

공종코드	공종명칭	단 위	수 량	단 가		비 고
				예정단가	계약단가	

※ 실적공사비 자료 조사 대상공종은 공사비산정기준 관리기관의 장이 정한다.

3 인허가 사항

1. 전기(발전)사업 허가

(1) 정 의

전기사업은 국민생활과 산업활동에 필수 불가결한 공공재이고 막대한 투자와 상당기간의 건설기간이 필요하므로, 전기사용자의 이익보호와 건전한 전기산업 육성을 위해 적정한 자격과 능력이 있는 자만이 전기사업에 참여할 수 있도록 하기 위함이다.

(2) 허가권자

① 3,000kW 이하 설비 : 시 · 도지사

② 3,000kW 초과 설비 : 산업통상자원부(전기위원회의 심의)

※ 단, 제주특별자치도는 제주국제자유도시특별법에 따라 3,000kW 이상의 발전설비도 제주특별자치도지사의 허가사항임

(3) 관련법령

① 전기사업법 제7조(사업의 허가), 제12조(사업허가의 취소 등)

② 같은 법 시행령 제4조(전기사업의 허가기준), 제62조(권한의 위임·위탁)

③ 같은 법 시행규칙 제4조(사업허가의 신청), 제5조(변경허가사항 등) 및 제7조(허가의 심사기준)

(4) 허가기준

① 전기사업을 적정하게 수행하는데 필요한 재무능력 및 기술능력이 있을 것

② 전기사업이 계획대로 수행될 수 있을 것

③ 배전사업 및 구역전기사업의 경우 둘 이상의 배전사업자의 사업구역 또는 구역 전기사업자의 특정한 공급구역 중 그 전부 또는 일부가 중복되지 아니할 것

④ 구역전기사업의 경우 특정한 공급구역의 전력수요의 50% 이상으로서 해당 특정한 공급구역의 전력수요의 60% 이상의 공급능력을 갖추고, 그 사업으로 인하여 인근 지역의 전기사용자에 대한 다른 전기사업자의 전기공급에 차질이 없을 것

⑤ 그 밖에 공익상 필요한 것으로서 다음의 기준에 적합할 것

- 발전소가 특정지역에 편중되어 전력계통의 운영에 지장을 주지 아니할 것
- 발전연료가 어느 하나에 편중되어 전력수급에 지장을 주지 아니할 것

(5) 허가의 변경

발전사업 허가를 받았으나, 다음과 같이 변경되는 경우는 지식경제부 또는 시 · 도지사의 변경허가를 받아야 한다.

① 사업구역 또는 특정한 공급구역이 변경되는 경우

② 공급전압이 변경되는 경우

③ 설비용량이 변경되는 경우(허가 또는 변경허가를 받은 설비용량의 10% 미만인 경우는 제외)

- 설치장소(동일한 읍 면 동에서 설치장소를 변경하는 경우는 제외)
- 설비용량(변경 정도가 허가 또는 변경허가를 받은 설비용량의 10/100 이하인 경우는 제외)
- 원동력의 종류(허가 또는 변경허가를 받은 설비용량이 30만kw 이상인 발전용 전기설비에 신에너지 및 재생에너지 개발 이용 보급 촉진법 제2조에 따른 신재생 에너지를 이용하는 발전용 전기설비를 추가로 설치하는 경우는 제외)

(6) 허가의 취소

① 지식경제부장관은 전기사업자가 사업 준비기간(발전사업 허가를 득한 후부터 사업개시 신고 전까지)에 전기설비의 설치 및 사업을 시작하지 아니한 경우 전기위원회의 심의를 거쳐 허가를 취소한다.

② 신 · 재생에너지 발전사업 준비기간의 상한은 10년이며, 발전사업 허가 시 사업 준비기간을 지정한다.

(7) 허가절차

※ 단, 3,000kW 이하일 경우 전기위원회 심의를 거치지 아니함

(8) 필요서류 목록

1) 3,000kW 이하(발전설비용량이 200kW 이하인 발전사업은 제외)

① 전기사업허가신청서(전기사업법 시행규칙 별지 제1호 서식) 1부

② 전기사업법 시행규칙 별표1의 요령에 의한 사업계획서 1부

③ 발전사업 또는 구역전기사업의 허가를 신청하는 경우에는 송전관계 일람도 1부

④ 발전사업 또는 구역전기사업의 허가를 신청하는 경우에는 발전원가 명세서 1부

2) 3,000kW 초과

① 전기사업허가신청서(전기사업법 시행규칙 별지 제1호 서식) 1부

② 전기사업법시행규칙 별표 제1의 사업계획서 작성요령에 따라 작성한 사업계획서 1부

③ 사업개시 후 5년 동안의 연도별 예상사업 손익산출서 1부

④ 배전사업의 허가를 신청하는 경우에는 사업구역의 경계를 명시한 1/50,000 지형도 1부

⑤ 구역전기사업의 허가를 신청하는 경우에는 특정한 공급구역의 위치 및 경계를 명시한 1/50,000 지형도 1부

⑥ 발전사업 또는 구역전기사업의 허가를 신청하는 경우에는 발전원가명세서 1부

⑦ 신용평가 의견서(신용정보의 이용 및 보호에 관한 법률 제2조 제4호에 따른 신용정보업자가 거래신뢰도를 평가한 것을 말함) 및 재원 조달계획서 1부

⑧ 전기설비의 운영을 위한 기술인력의 확보계획을 적은 서류 1부

⑨ 신청인이 법인인 경우에는 그 정관 및 직전 사업연도 말의 대차대조표, 손익계산서 1부

⑩ 신청인이 설립중인 법인인 경우에는 그 정관 1부

2. 개발행위 허가

(1) 정 의

① 개발행위허가제는 국토의 이용계획 및 이용에 관한 법률에 따라 개발계획의 적정성, 기반시설의 확보여부, 주변 환경과의 조화 등을 고려하여 개발행위에 대한 허가여부를 결정함으로서 난개발을 방지함을 목적으로 한다.

② 18개 개발관련 인 · 허가 사항을 동 개발행위 허가를 통해 의제 처리함으로서 개발사업자에 행정편의를 도모한다.

③ 태양광발전기는 건축법상 공작물로 분류되어, 국토의 계획 및 이용에 관한 법률에 따라 개발행위의 대상이 된다. 다만, 같은 법 시행령 제53조의 경미한 행위는 동 허가대상에서 제외된다.

(2) 관련법령

① 국토의 계획 및 이용에 관한 법률 제56조(개발행위의 허가)~제65조(개발행위에 따른 공공시설 등의 귀속)

② 같은 법 시행령 제51조(개발행위허가의 대상)~제61조(도시 군계획시설부지에서의 개발행위)

③ 같은 법 시행규칙 제9조(개발행위허가신청서)~제10조(개발행위허가의 규모제한의 적용배제)

(3) 허가권자

특별시장, 광역시장, 특별자치시장, 특별자치도지사, 시장 또는 군수

(4) 개발행위허가의 대상

① 건축물의 건축 : 건축법 제2조 제1항 제2호에 따른 건축물의 건축

② 공작물의 설치 : 인공을 가하여 제작한 시설물(건축법 제2조 제1항 제2호에 따른 건축물은 제외)의 설치

③ 토지의 형질변경 : 절토, 성토, 정지, 포장 등의 방법으로 토지의 형상을 변경하는 행위와 공유수면의 매립(경작을 위한 토지의 형질변경은 제외)

④ 토석채취 : 흙, 모래, 자갈, 바위 등의 토석을 채취하는 행위. 다만, 토지의 형질 변경을 목적으로 하는 것을 제외한다.

⑤ 토지분할 : 다음의 어느 하나에 해당하는 토지의 분할(건축법 제57조에 따른 건축물이 있는 대지는 제외한다)

- 녹지지역, 관리지역, 농림지역 및 자연환경보전지역 안에서 관계법령에 따른 허가 인가 등을 받지 아니하고 행하는 토지의 분할
- 건축법 제57조 제1항에 따른 분할제한면적 미만으로의 토지의 분할
- 관계법령에 의한 허가, 인가 등을 받지 아니하고 행하는 너비 5m 이하로의 토지의 분할

⑥ 물건을 쌓아놓는 행위 : 녹지지역, 관리지역 또는 자연환경보전지역 안에서 건축물의 울타리안(적법한 절차에 의하여 조성된 대지에 한한다)에 위치하지 아니한 토지에 물건을 1월 이상 쌓아놓는 행위

(5) 허가기준

특별시장, 광역시장, 특별자치시장, 특별자치도지사, 시장 또는 군수는 개발행위허가의 신청내용이 다음의 기준에 맞는 경우에만 개발행위허가를 하여야 한다.

① 용도지역별 특성을 고려하여 대통령령으로 정하는 개발행위의 규모에 적합할 것

② 도시 , 군관리계획의 내용에 어긋나지 아니할 것
③ 도시, 군계획사업의 시행에 지장이 없을 것
④ 주변지역의 토지이용실태 또는 토지이용계획, 건축물의 높이, 토지의 경사도, 수목의 상태, 물의 배수, 하천/호수/습지의 배수 등 주변 환경이나 경관과 조화를 이룰 것
⑤ 해당 개발행위에 따른 기반시설의 설치나 그에 필요한 용지의 확보계획이 적절할 것

- 허가에 필요한 상세한 기준은 같은 법 시행령 (별표 1의2 개발행위허가기준)
- 같은 법 시행규칙 제6조 제1항 제5호의 2에 따라 신 · 재생에너지설비로서 발전용량이 200kW 이하인 태양광설비는 도시관리계획으로 결정하지 아니하여도 설치할 수 있는 시설임

(6) 관련 인·허가의 의제

1) 사업자는 인·허가의 의제 조항에 따라 18개 개별법 상 관련 인·허가 취득 절차를 밟지 않아도 개발행위허가만으로 필요 인·허가를 취득한 것으로 간주한다.

다만, 개별 인 · 허가에 필요한 서류는 사업자가 개발행위 허가 신청 시 해당 지자체에 일괄 제출해야 하며, 지자체단체장은 관계 행정기관장과 개별 인 · 허가사항을 협의 후 개발행위 허가 여부를 결정한다.

2) 개발행위 허가 시 인·허가의 의제

개별행위허가를 할 때에 특별시장, 광역시장, 특별자치시장, 특별자치도지사, 시장 또는 군수가 개발행위에 대한 다음의 인가 허가 승인 면허 협의 해제 신고 또는 심사 등(이하 인·허가 등)에 관하여 미리 관계 행정기관의 장과 협의한 사항에 대하여는 그 인 · 허가 등을 받은 것으로 본다.

① 공유수면 관리 및 매립에 관한 법률 제8조에 따른 공유수면의 점용, 사용허가, 같은 법 제17조에 따른 점용, 사용 실시계획의 승인 또는 신고, 같은 법 제28조에 따른 공유수면의 매립면허 및 같은 법 제38조에 따른 공유수면 매립실시계획의 승인
② 광업법 제42조에 따른 채굴계획의 인가
③ 농어촌정비법 제23조에 따른 농업생산기반시설 목적 외 사용의 승인
④ 농지법 제34조에 따른 농지전용의 허가 또는 협의, 같은 법 제35조에 따른 농지전용의 신고 및 같은 법 제36조에 따른 농지의 타용도 일시사용의 허가 또는 협의
⑤ 도로법 제34조에 따른 도로공사 시행의 허가 및 같은 법 제38조에 따른 도로 점용의 허가
⑥ 장사 등에 관한 법률 제27조 제1항에 따른 무연분묘의 개장 허가

⑦ 사도법 제4조에 따른 사도 개설의 허가

⑧ 사방사업법 제14조에 따른 토지의 형질변경 등의 허가 및 같은 법 제20조에 따른 사방지 지정의 해제

⑨ 산업집적활성화 및 공장설립에 관한 법률 제13조에 따른 공장설립 등의 승인

⑩ 산지관리법 제14조, 제15조에 따른 산지전용허가 및 산지전용신고, 같은 법 제15조의2에 따른 산지일시사용허가 신고, 같은 법 제25조 제1항에 따른 토석채취허가, 같은 법 제25조 제2항에 따른 토사채취신고 및 산림자원의 조성 및 관리에 관한 법률 제36조 제1항, 제4항에 따른 입목벌채 등의 허가, 신고

⑪ 소하천정비법 제10조에 따른 소하천공사 시행의 허가 및 같은 법 제14조에 따른 소하천의 점용 허가

⑫ 수도법 제52조에 따른 소하천공사 시행의 허가 및 같은 법 제14조에 따른 소하천의 점용 허가

⑬ 체육시설의 설치 이용에 관한 법률 제12조에 따른 사업계획의 승인

⑭ 초지법 제23조에 따른 초지전용의 허가 신고 또는 협의

⑮ 측량 수로조사 및 지적에 관한 법률 제15조 제3항에 따른 지도 동의 간행 심사에 따른 공공하수도의 점용허가

⑯ 하수도법 제16조에 따른 공공하수도에 관한 공사시행의 허가 및 같은 법 제24조에 따른 공공하수도의 점용허가

⑰ 하천법 제30조에 따른 하천공사 시행의 허가 및 같은 법 제33조에 따른 하천 점용의 허가

위의 내용 중 농지전용의 허가, 무연분묘의 개장 허가, 사도 개설의 허가, 토지의 형질변경 등의 허가 및 사방지 지정의 해제, 산지전용허가, 입목벌채 등의 허가 신고 초지전용의 허가 신고 또는 협의 등은 태양광발전사업 추진 시 주요 인 · 허가 사항임에 유의

(7) 이행보증금 제도

1) 특별시장, 광역시장, 특별자치시장, 특별자치도지사, 시장 또는 군수는 기반시설의 설치나 그에 필요한 용지의 확보, 위해 방지, 환경오염 방지, 경관, 조경 등을 위하여 필요하다고 인정되는 경우로서 다음의 경우에는 이익 이행을 보증하기 위하여 개발행위허가를 받는 자로 하여금 이행보증금을 예치하게 할 수 있다.

① 다음에 해당하는 개발행위로서 당해 개발행위로 인하여 도로 수도 공급설비 하수도 등 기반시설의 설치가 필요한 경우

- 건축물의 건축 또는 공작물의 설치
- 토지의 형질변경(경작을 위한 경우로서 대통령령으로 정하는 토지의 형질변경은 제외한다)
- 토석의 채취

② 토지의 굴착으로 인해 인근 토지가 붕괴될 우려가 있거나 인근 건축물 또는 공작물이 손괴될 우려가 있는 경우

③ 토석의 발파로 인한 낙석 · 먼지 등에 의하여 인근지역에 피해가 발생할 우려가 있는 경우

④ 토석을 운반하는 차량의 통행으로 인하여 주변의 환경이 우려될 우려가 있는 경우

⑤ 토지의 형질변경이나 토석의 채취가 완료된 후 비탈면에 조경을 할 필요가 있는 경우

2) 이행보증금의 예치금액은 기반시설의 설치, 위해의 방지, 환경오염의 방지, 경관 및 조경에 필요한 비용의 범위 안에서 산정하되 총공사비의 20% 이내가 되도록 하고, 그 산정에 관한 구체적인 사항 및 예치방법은 특별시, 광역시, 특별자치시, 특별자치도, 시 또는 군의 도시군계획조례로 정한다. 이 경우 산지에서의 개발행위에 대한 이행보증금의 예치금액은 산지관리법 제38조에 따른 복구비를 포함하여 정하되, 복구비가 이행보증금에 중복하여 계상되지 아니하도록 하여야 한다.

(8) 준공검사

1) 다음의 행위에 대한 개발행위 허가를 받은 자는 그 개발행위를 마치면 특별시장, 광역시장, 특별자치시장, 특별자치도지사, 시장 또는 군수의 준공검사를 받아야 한다. 다만, 건축물의 건축 또는 공작물의 설치행위에 대하여 건축법 제22조에 따른 건축물의 사용승인을 받은 경우에는 예외로 한다.

① 건축물의 건축 또는 공작물의 설치

② 토지의 형질변경(경작을 위한 경우로서 대통령령으로 정하는 토지의 형질변경은 제외한다)

③ 토석의 채취

2) 준공검사를 받은 경우에는 특별시장, 광역시장, 특별자치시장, 특별자치도지사, 시장 또는 군수가 의제되는 인·허가 등에 따른 준공검사, 준공인가 등에 관하여 관계 행정기관의 장과 협의한 사항에 대하여는 그 준공검사, 준공인가 등을 받은 것으로 본다.

3) 준공검사, 준공인가 등의 의제를 받으려는 자는 준공검사를 신청할 때에 해당 법률에서 정하는 관련서류를 함께 제출하여야 한다.

4) 특별시장, 광역시장, 특별자치시장, 특별자치도지사, 시장 또는 군수는 준공검사를 할 때에 그 내용에 의제되는 인·허가 등에 따른 준공검사 준공인가 등에 해당하는 사항이 있으면 미리 관계 행정기관의 장과 협의하여야 한다.

(9) 허가 절차

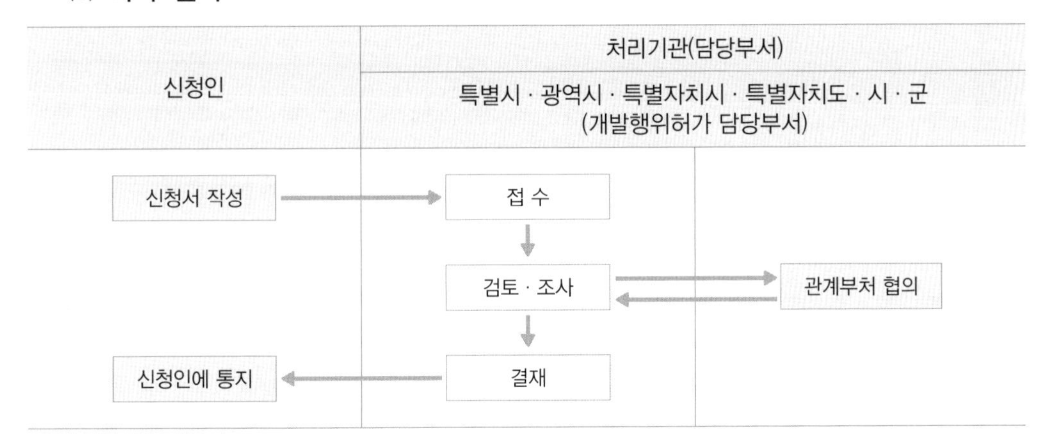

(10) 필요서류 목록

① 개발행위허가신청서 1부

② 토지의 소유권 또는 사용권 등 신청인이 당해 토지에 개발행위를 할 수 있음을 증명하는 서류 1부

③ 배치도 등 공사 또는 사업관련 도서(토지의 토지형질변경 및 토석채취의 경우에 한함)

④ 설계도서(공작물을 설치하는 경우) 1부

⑤ 당해 건축물의 용도 및 규모를 기재한 서류(건축물의 건축을 목적으로 하는 토지의 형질변경인 경우에 한함) 1부

⑥ 개발행위의 시행으로 폐지되거나 대체 또는 새로이 설치할 공공시설의 종류 · 세목 · 소유자 등의 조서 및 도면과 예산내역서(토지의 형질변경 및 토석채취인 경우에 한함) 1부

⑦ 위해방지 · 환경오염방지 · 경관 · 조경 등을 위한 설계도서 및 그 예산내역서(토지분할인 경우를 제외) 1부

⑧ 의제처리 : 관계 행정기관의 장과의 협의에 필요한 서류(농지전용허가신청서, 도로점용허가신청서, 무연분묘의 개장허가신청서, 사도개설허가 신청서, 산지전용허가신청서, 임목벌채허가 신청서 등)

개발행위허가신청서

(앞쪽)

□ 공작물설치 □ 토지형질변경 □ 토석채취 □ 토지분할 □ 물건적치					처리기간	15일
신청인	성명(법인인 경우는 그 명칭 및 대표자 성명)				주민등록번호(법인등록번호)	-
신청인	주 소			우 (전화 :)		
허가신청사항						
위치(지번)					지목	
용도지역					용도지구	
신청내용	공작물 설치	신청면적			중량	
		공작물구조			부피	
	토지형질변경	토지현황	경사도		토질	
			토석매장량			
		입목식재현황	주요수종			
			입목지		무입목지	
		신청면적				
		입목벌채	수종		나무수	그루
	토석채취	신청면적			부피	
	토지분할	종전면적			분할면적	
	물건적치	중량			부피	
		품명			평균적치량	
		적치기간	년 월 일부터 년 월 일까지(개월간)			
개발행위목적						
사업기간	착공		년 월 일	준공	년 월 일	

「국토의 계획 및 이용에 관한 법률 제57조 제1항의 규정에 의하여 위와 같이 허가를 신청합니다.

년 월 일

신청인 (서명 또는 인)

특별시장 · 광역시장 · 특별자치시장 · 특별자치도지사 · 시장 · 군수 귀하

구비서류 : 뒤쪽 참조	수수료
	없음

(뒤쪽)

구비서류

1. 토지의 소유권 또는 사용권 등 신청인이 당해 토지에 개발행위를 할 수 있음을 증명하는 서류. 다만, 다른 법령에서 개발행위허가가 의제되어 개발행위허가에 관한 신청서류를 제출하는 경우에 다른 법령에 의한 인가 · 허가 등의 과정에서 본문의 제출 서류의 내용을 확인할 수 있는 경우에는 그 확인으로 제출서류에 갈음할 수 있습니다.

2. 배치도 등 공사 또는 사업관련 도서(토지의 형질변경 및 토석채취인 경우에 한함)

3. 설계도서(공작물의 설치인 경우에 한함)

4. 당해 건축물의 용도 및 규모를 기재한 서류(건축물의 건축을 목적으로 하는 토지의 형질변경인 경우에 한함)

5. 개발행위의 시행으로 폐지되거나 대체 또는 새로이 설치할 공공시설의 종류 · 세목 · 소유자 등의 조서 및 도면과 예산내역서(토지의 형질변경 및 토석채취인 경우에 한함)

6. 「국토의 계획 및 이용에 관한 법률」 제57조 제1항의 규정에 의한 위해방지 · 환경오염방지 · 경관 · 조경 등을 위한 설계도서 및 그 예산내역서(토지분할인 경우를 제외한다). 다만, 「건설산업기본법 시행령」 제8조 제1항의 규정에 의한 경미한 건설공사를 시행하거나 옹벽 등 구조물의 설치 등을 수반하지 아니하는 단순한 토지형질변경의 경우에는 개략설계서로 설계도서에, 견적서 등 개략적인 내역서로 예산내역서에 갈음할 수 있습니다.

7. 「국토의 계획 및 이용에 관한 법률」 제61조 제3항의 규정에 의한 관계행정기관의 장과의 협의에 필요한 서류

이 신청서는 다음과 같이 처리됩니다.

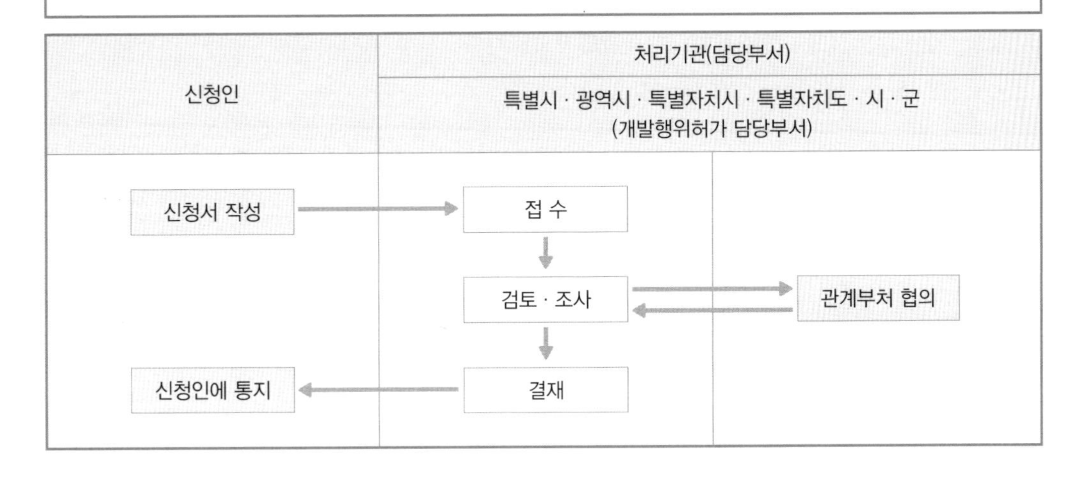

(앞쪽)

<table>
<tr><td colspan="6">개발행위준공검사신청서</td><td>처리기간
7일</td></tr>
<tr><td rowspan="2">신
청
인</td><td>성명(법인인 경우는 그 명칭 및 대표자 성명)</td><td colspan="2"></td><td>주민등록번호
(법인등록번호)</td><td colspan="2">-</td></tr>
<tr><td>주 소</td><td colspan="5">우
(전화 :)</td></tr>
<tr><td rowspan="4">신
청
사
항</td><td>사업(행위)의 종류</td><td colspan="5"></td></tr>
<tr><td>위 치</td><td colspan="5"></td></tr>
<tr><td>면 적</td><td colspan="2"></td><td>허가일자</td><td colspan="2"></td></tr>
<tr><td>사업기간</td><td>착공</td><td>년 월 일</td><td>준공</td><td colspan="2">년 월 일</td></tr>
<tr><td colspan="7">신 청 내 용</td></tr>
<tr><td>준공면적</td><td colspan="6"></td></tr>
<tr><td>도 로</td><td colspan="6"></td></tr>
<tr><td>급수시설</td><td colspan="6"></td></tr>
<tr><td>배수시설</td><td colspan="6"></td></tr>
<tr><td>기타시설</td><td colspan="6"></td></tr>
<tr><td>기타사항</td><td colspan="6"></td></tr>
<tr><td colspan="7">「국토의 계획 및 이용에 관한 법률」 제62조 제1항의 규정에 의하여 위와 같이 준공검사를 신청합니다.
년 월 일
신청인 (서명 또는 인)
특별시장 · 광역시장 · 특별자치시장 · 특별자치도지사 · 시장 · 군수 귀하</td></tr>
<tr><td colspan="6">구비서류
1. 준공사진
2. 지적측량성과도(토지분할이 수반되는 경우와 임야를 형질변경하는 경우로서 「지적법」 제18조의 규정에 의하여 등록전환신청이 수반되는 경우에 한합니다)
3. 「국토의 계획 및 이용에 관한 법률」 제62조 제3항의 규정에 의한 관계행정기관의 장과의 협의에 필요한 서류</td><td>수수료
없음</td></tr>
</table>

(뒤쪽)

유의사항
「국토의 계획 및 이용에 관한 법률」 제56조 제1항 제1호의 행위에 대하여 「건축법」 제18조의 규정에 의한 건축물의 사용승인을 얻은 경우에는 준공검사를 받은 것으로 봅니다.
이 신청서는 다음과 같이 처리됩니다.

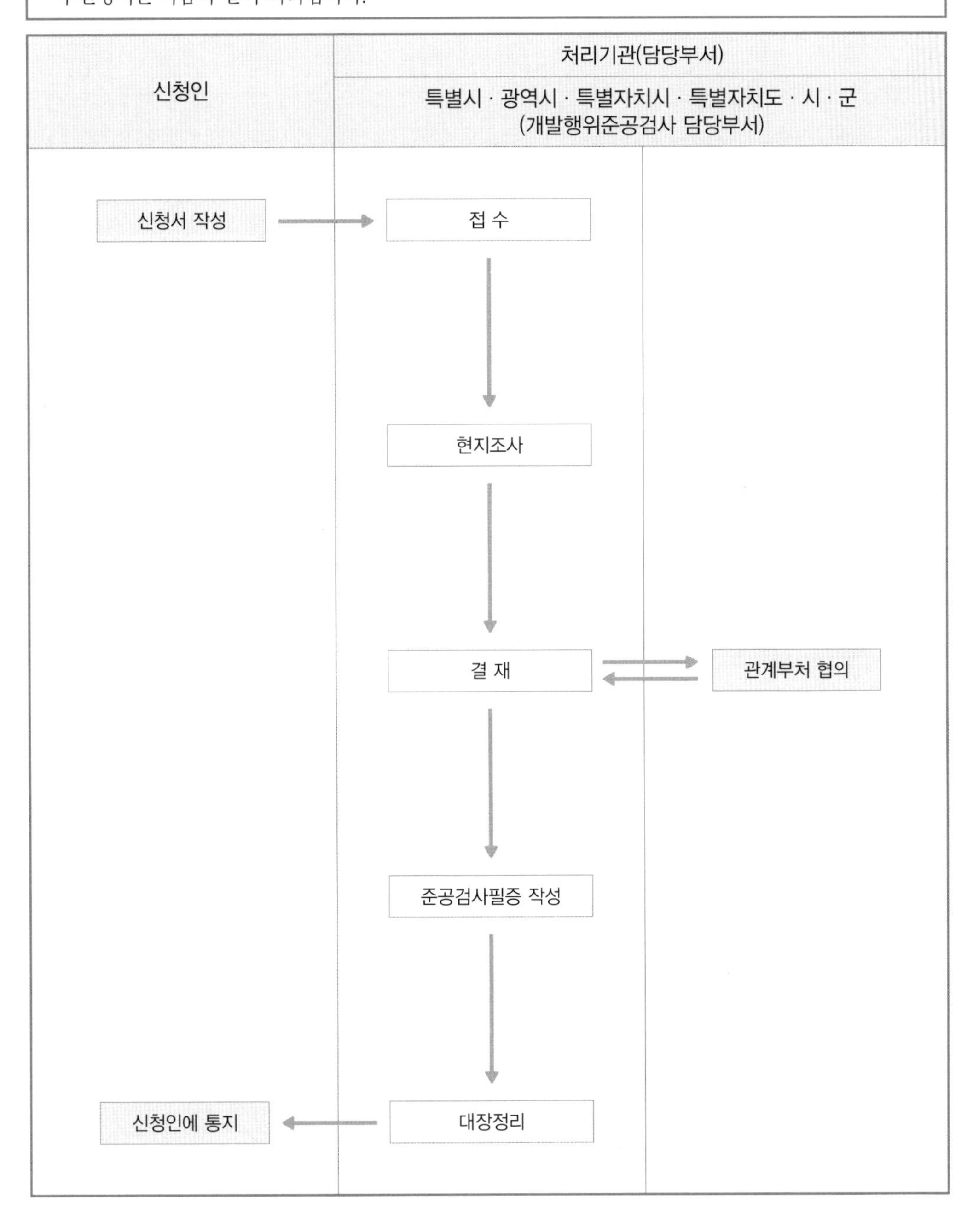

3. 환경영향평가

(1) 정 의

환경에 영향을 미치는 실시계획, 시행계획 등의 허가, 인가, 승인, 면허 또는 결정 등(이하 승인 등)을 할 때에 해당 사업에 환경에 미치는 영향을 미리 조사, 예측, 평가하여 해로운 환경영향을 피하거나 제거 또는 감소시킬 수 있는 방안을 마련하는 것을 말한다.

(2) 관련 행정청

환경부장관, 승인기관의 장

(3) 관련법령

① 환경영향평가법 제3조(국가 등의 책무), 제5조(환경보전목표의 설정 등), 제6조(환경영향평가 등의 대상지역), 제7조(환경영향평가 등의 분야 및 평가항목) 제22조(환경영향평가의 대상)~제41조(재평가)

② 같은 법 시행령 제2조(환경영향평가 등의 분야별 세부 평가항목 등), 제31조(환경영향평가의 대상사업 및 범위)~제57조(환경영향 재평가의 결과 통보)

③ 같은 법 시행규칙 제8조(환경영향평가 평가준비서의 작성방법 등)~제22조(협의내용 이행여부 확인 결과의 통보 서식)

(4) 환경영향평가분야의 세부 평가항목

① 자연생태 환경 분야

• 동 식물상 • 자연환경자산

② 대기환경 분야

• 기상 • 대기질 • 악취 • 온실가스

③ 수환경 분야

• 수질(지표, 지하) • 수리, 수문 • 해양환경

④ 토지환경 분야

• 토지이용 • 토양 • 지형, 지질

⑤ 생활환경 분야

- 친환경적 자원 순환
- 소음, 진동
- 위락, 경관
- 위생, 공중보건
- 전파장해
- 일조장해

⑥ 사회환경, 경제환경 분야

- 인구
- 주거(이주의 경우를 포함)
- 산업

(5) 환경영향평가의 대상

다음의 환경영향평가 대상사업을 하려는 사업자는 환경영향평가를 실시하여야 한다.

- 도시의 개발사업
- 산업입지 및 산업단지의 조성사업
- 에너지 개발사업
- 항만의 건설사업
- 도로의 건설사업
- 수자원의 개발사업
- 철도(도시철도를 포함)의 건설사업
- 공항의 건설사업
- 하천의 이용 및 개발사업
- 개간 및 공유수면의 매립사업
- 관광단지의 개발사업
- 산지의 개발사업
- 특정지역의 개발사업
- 체육시설의 설치사업
- 폐기물 처리시설의 설치사업
- 국방, 군사 시설의 설치사업
- 토석, 모래, 자갈, 광물 등의 채취사업
- 환경에 영향을 미치는 시설로서 가축분뇨의 관리 및 이용에 관한 법률 제2조 제8호 또는 제9호에 따른 처리시설 또는 공공처리시설의 설치사업

(6) 평가항목, 범위 등의 결정

승인 등을 받아야 하는 사업자는 환경영향평가를 실시하기 전에 환경영향평가 평가준비서를 작성하여 승인기관의 장에게 환경영향평가항목 등을 정하여 줄 것을 요청하여야 한다.

환경영향평가 평가준비서에는 다음의 사항이 포함되어야 한다.

① 환경영향평가 대상사업의 목적 및 개요

② 환경영향평가 대상지역의 설정

③ 토지이용계획안

④ 지역 개황(대상사업이 실시되는 지역 및 그 주변지역에 대한 환경현황을 포함)
⑤ 평가 항목, 범위, 방법의 설정 방안
⑥ 약식절차에의 해당 여부(약식평가를 하려는 경우만 해당)
⑦ 주민 등의 의견수렴을 위한 방안
⑧ 전략환경영향평가 협의내용 및 반영여부(전략환경영향평가 협의를 거친 경우만 해당)

(7) 주민 등의 의견 수렴

사업자는 결정된 환경영향평가항목 등에 따라 환경영향평가서 초안을 작성하여 주민 등의 의견을 수렴하여야 한다.

(8) 환경영향평가서의 작성 및 협의 요청 등

① 승인기관장 등은 환경영향평가 대상사업에 대한 승인 등을 하거나 환경영향평가 대상사업을 확정하기 전에 환경부장관에게 협의를 요청하여야 한다. 이 경우 승인기관의 장은 환경영향평가서에 대한 의견을 첨부할 수 있다.
② 승인 등을 받지 아니하여도 되는 사업자는 환경부장관에게 협의를 요청할 경우 환경영향평가서를 작성하여야 하며, 승인 등을 받아야 하는 사업자는 환경영향평가서를 작성하여 승인기관 장에게 제출하여야 한다.

(9) 협의내용의 반영 등

① 사업자나 승인기관의 장은 협의내용을 통보받았을 때에는 그 내용을 해당 사업계획 등에 반영하기 위하여 필요한 조치를 하여야 한다.
② 승인기관의 장은 사업계획 등에 대하여 승인 등을 하려면 협의내용이 사업계획 등에 반영되었는지를 확인하여야 한다. 이 경우 협의내용이 사업계획 등에 반영되지 아니한 경우에는 이를 반영하게 하여야 한다.
③ 승인기관장 등은 사업계획 등에 대하여 승인 등을 하거나 확정을 하였을 때에는 협의 내용의 반영 결과를 환경부장관에게 통보하여야 한다.
④ 환경부장관은 통보받은 결과에 협의내용이 반영되지 아니한 경우 승인기관장등에게 협의내용을 반영하도록 요청할 수 있다. 이 경우 승인기관장 등은 특별한 사유가 없으면 이에 따라야 한다.

(10) 사전공사의 금지 등

1) 사업자는 협의, 재협의 또는 변경협의의 절차가 끝나기 전에 환경영향평가 대상

사업의 공사를 하여서는 아니 된다. 다만 다음의 어느 하나에 해당하는 공사의 경우에는 예외로 한다.

① 협의를 거쳐 승인 등을 받은 지역으로서 재협의나 변경협의의 대상에 포함되지 아니한 지역에서 시행되는 공사

② 전략환경영향평가를 거쳐 그 입지가 결정된 사업에 관한 공사로서 다음의 경미한 사항에 대한 공사

착공을 준비하기 위한 다음의 공사

- 안전펜스, 현장사무소 및 그 부대시설을 설치하기 위한 공사
- 해당 사업에 따른 주민 등의 이주에 따라 사업지구 내 화재발생 및 폐기물 무단투기 등을 방지하고, 주변 주민이 안전한 생활을 유지하도록 주변 환경을 정비하는 공사
- 해당 사업의 기공식에 필요한 시설을 설치하기 위한 공사
- 문화재 발굴조사 등 다른 법령에 따른 의무를 이행하기 위하여 장애물 등을 철거하기 위한 공사
- 해당 사업의 성토를 위해 사업장 부지 내에 토사적치장을 설치하는 공사
- 이상에 따른 공사에 준하는 공사로서 협의기관의 장이 토지의 형질이나 자연환경에 대한 훼손이 경미하다고 인정하는 공사

2) 승인기간의 장은 협의, 재협의 또는 변경협의의 절차가 끝나기 전에 사업계획 등에 대한 승인 등을 하여서는 아니 된다.

3) 승인기관의 장은 승인 등을 받아야 하는 사업자가 협의, 재협의, 또는 변경협의의 절차가 끝나기 전에 공사를 시행하였을 때에는 해당 사업의 전부 또는 일부에 대하여 공사중지를 명하여야 한다.

4) 환경부장관은 사업자가 협의, 재협의 또는 변경협의의 절차가 끝나기 전에 공사를 시행하였을 때에는 승인 등을 받지 아니하여도 되는 사업자에게 공사중지나 그 밖에 필요한 조치를 할 것을 명령하거나 승인기관의 장에게 공사중지나 그 밖에 필요한 조치를 명할 것을 요청할 수 있다. 이 경우 승인기관장 등은 특별한 사유가 없으면 이에 따라야 한다.

(11) 협의내용의 이행 등

사업자는 사업계획 등을 시행할 때에 사업계획 등에 반영된 협의내용을 이행하여야 하며, 협의내용을 성실히 이행하기 위하여 협의내용을 적은 관리대장에 그 이행상황

을 기록하여 공사현장에 갖추어 두어야 한다. 사업자는 협의내용이 적정하게 이행되는지를 관리하기 위하여 협의내용 관리책임자를 지정하여 환경부장관, 승인기관의 장(승인 등을 받아야 하는 환경영향평가대상사업자만 해당한다)에게 통보하여야 한다.

⑿ 사후환경영향조사

사업자는 해당 사업을 착공한 후에 그 사업이 주변 환경에 미치는 영향을 조사(사후환경영향조사)하고, 그 결과를 환경부장관, 승인기관의 장(승인 등을 받아야 하는 환경영향평가대상사업만 해당한다)에게 통보하여야 한다. 사업자는 사후환경영향조사 결과 주변 환경의 피해를 방지하기 위하여 조치가 필요한 경우에는 지체 없이 그 사실을 위의 자에게 통보하고 필요한 조치를 하여야 한다.

4. 산지전용 허가 및 입목 벌채 허가

(1) 정 의

태양광발전소를 산지에 건설할 경우, 사업자가 해당 산지를 공작물의 축조가 가능한 대지로 형질변경하고 부지 안의 입목을 벌채하기 위한 인·허가를 말한다.

(2) 허가권자

산림청장, 지방산림관리청장, 국유림관리소장, 시장·군수

(3) 관련법령

① 산지 관련 법령

- 산지관리법 제9조(산지전용, 일시사용제한구역의 지정), 제14조(산지전용허가)~제21조(용도변경의 승인)
- 같은 법 시행령 제8조(산지전용, 일시사용 제한지역의 지정대상 산지), 제15조(산지전용허가의 절차 및 심사)~제26조(용도 변경의 승인 등)
- 같은 법 시행규칙 제5조(산사태 위험지의 판정기준), 제10조(산지전용허가의 신청 등)~제22조(산지전용 허가의 취소 등)

② 산림자원의 조성 및 관리에 관한 법령

- 산림자원의 조성 및 관리에 관한 법률 제36조(입목 벌채 등의 허가 및 신고 등)
- 같은 법 시행령 제41조(입목 벌채 등의 제한지역)~제43조(임의로 하는 입목벌채 등)

(4) 허가기준

① 산지적용 시 공통으로 적용되는 허가기준

- 인근 산림의 경영 · 관리에 큰 지장을 주지 않을 것
- 희귀 야생 동 · 식물의 보전 등 산림의 자연생태학적 기능유지에 현저한 장애가 발생되지 아니할 것
- 토사의 유출 · 붕괴 등 재해발생이 우려되지 아니할 것
- 산림의 수원함양 및 수질보전 기능을 크게 해치지 아니할 것
- 사업계획 및 산지전용면적이 적정하고 산지전용 방법이 자연경관 및 산림훼손을 최소화하고 산지전용 후의 지장에 우려가 없을 것

② 산지전용면적에 따라 적용되는 허가 기준

- 집단적인 조림 성공지 등 우량한 산림이 많이 포함되지 아니할 것
- 토사의 유출 붕괴 등 재해발생이 우려되지 아니할 것
- 산지의 형태 및 임목의 구성 등의 특성으로 인하여 보호할 가치가 있는 산림에 해당되지 아니할 것
- 사업계획 및 산지전용면적이 적정하고 산지전용방법이 자연경관 및 산림훼손을 최소화하며 산지전용 후의 복구에 지장을 줄 우려가 없을 것

(5) 허가조건

산림청장 등은 산지전용허가를 할 때 산림기능의 유지, 재해방지, 경관보전 등을 위하여 필요할 때에는 재해방지시설의 설치 등 필요한 조건을 붙일 수 있다.

- 10만m^2 이상의 산지를 전용하는 경우에는 산지의 형질변경을 단계별로 실시하거나 형질변경이 완료된 부분을 중간 복구할 것
- 경관유지를 위한 차폐림을 조성할 것
- 사업시행 중 발생한 토사는 당해 사업시행지역 밖으로 반출할 것
- 산림으로 존치되는 지역은 조림 · 숲가꾸기 등 산림자원의 조성을 위한 사업을 실시할 것
- 토사유출방지시설 · 낙석방지시설 · 옹벽 · 사방댐, 침사지 및 배수시설 등 재해방지시설을 설치할 것
- 그밖에 산림기능의 유지, 경과보전 등을 위하여 산림청장 등이 정하여 고시하는 조건

(6) 대체산림자원 조성비 납부

산지전용 시 대체산림자원 조성에 필요한 비용을 농어촌구조개선 특별회계에 미리 납부하여야 하나, 신 · 재생에너지설비는 산지관리법시행령 제23조(대체산림 자원조성비의 감면) 별표5에 따라 면제한다.

(7) 재해의 방지

① 산림청장 등은 다음의 어느 하나에 해당하는 허가 등에 따라 산지전용, 산지일시사용, 토석채취 또는 복구를 하고 있는 산지에 대하여 토사유출, 산사태 또는 인근지역의 피해 등 재해방지나 경관유지 등에 필요한 조사, 점검, 검사 등을 할 수 있다.

- 산지전용허가
- 산지전용신고
- 산지일시사용허가 및 산지일시사용신고
- 토석채취허가 또는 토사채취신고
- 채석단지에서의 채석신고
- 토석의 매각계약 또는 무상양여처분
- 산지복구 명령
- 다른 법률에 따라 1부터 5까지의 허가 또는 신고가 의제되거나 배제되는 행정처분

② 산림청장 등은 조사, 점검, 검사 등을 한 결과에 따라 필요하다고 인정하면 허가 등의 처분을 받거나 신고 등을 한 자에게 다음 중 필요한 조치를 하도록 명령할 수 있다(다만, 산지전용허가 또는 다른 법률에 따라 허가 또는 처분을 받은 자로서 광업법에 따라 광물의 채굴을 하는 자는 광산보안법에 따르고 국토의 계획 및 이용에 관한 법률에 따라 도시지역 및 계획관리지역에서의 인가, 허가 및 승인 등의 행정처분을 받은 자는 국토의 계획 및 이용에 관한 법률에 따른다)

- 산지전용, 산지일시사용, 토석채취 또는 복구의 일시중단
- 산지전용지, 산지일시사용지, 토석채취지, 복구지에 대한 녹화피복 등 토사 유출 방지조치
- 시설물 설치, 조림, 사방 등 재해의 방지에 필요한 조치
- 그 밖에 경관유지에 필요한 조치

(8) 허가의 취소 등

① 산림청장 등은 산지전용허가 또는 산지일시사용허가를 받거나 산지전용신고 또는 산지일시사용신고를 한 자가 다음의 어느 하나에 해당하는 경우에는 허가를 취소하거나 목적사업의 중지, 시설물의 철거, 산지로의 복구, 그 밖에 필요한 조치를 명할 수 있다. 다만, 1번에 해당하는 경우에는 그 허가를 취소하거나 목적사업의 중지

등을 명하여야 한다.

- 거짓이나 그 밖의 부정한 방법으로 허가를 받거나 신고를 한 경우
- 허가의 목적 또는 조건을 위반하거나 허가 또는 신고 없이 사업계획이나 사업규모를 변경하는 경우
- 대체산림자원조성비를 내지 아니하였거나 복구비를 예치하지 아니한 경우(줄어든 복구비 예치금을 다시 예치하지 아니한 경우를 포함)
- 재해방지 또는 복구를 위한 명령을 이행하지 아니한 경우
- 허가를 받은 자가 목적사업의 중지 등의 조치명령을 위반한 경우
- 허가를 받은 자가 허가취소를 요청하거나 신고를 한 자가 신고를 철회하는 경우

② 산림청장 등은 다른 법률에 따라 산지전용허가, 산지일시사용허가 또는 산지전용신고, 산지일시사용신고가 의제되는 행정처분을 받은 자가 위의 어느 하나에 해당하는 경우에는 산지전용 또는 산지일시사용의 중지를 명할 수 있다.

(9) 허가절차

(10) 필요서류 목록

① 산지전용허가 신청서 1부

② 사업계획서(산지전용 목적, 사업기간, 산지적용을 하려는 산지의 이용계획, 입목·죽의 벌채를 통한 이용 또는 처리 계획, 토사처리계획 및 피해방지계획 등 포함되어야 함) 1부

③ 산지관리법 제18조의 2에 따른 산지전용 타당성조사에 관한 결과서(허가신청일전 2년 이내에 완료된 산지전용 타당성조사의 결과서) 1부

④ 산지전용을 하고자 하는 산지의 소유권 또는 사용 · 수익권을 증명할 수 있는 서류 1부(토지등기사항 증명서로 확인할 수 없는 경우에 한정하고, 사용·수익권을 증명할 수 있는 서류에는 사용·수익권의 범위 및 기간이 명시되어야 함)

⑤ 산지전용 예정지가 표시된 축적 1/25,000 이상의 지적이 표시된 지형도(토지이용규제 기본법) 제12조에 따라 국토이용 정보체계에 지적이 표시된 지형도의 데이터베이

스가 구축되어 있지 않거나 지형과 지적의 불일치로 지형도의 활용이 곤란한 경우에는 지적도) 1부

⑥ 측량 수로조사 및 지적에 관한 법률 제44조 제3항에 따른 측량업의 등록을 한 자 또는 같은 법 제58조에 따른 대한지적공사(이하 측량업자 등)가 측량한 축척 1/6,000부터 1/1,200까지의 산지전용 예정지 실측도 1부

⑦ 산림자원의 조성 및 관리에 관한 법률 시행령 제30조 제1항에 따른 기술2급 이상의 산림경영기술자가 조사 작성한 것으로서 다음의 요건을 갖춘 산림조사서 1부(수목이 있는 경우에 한정하고, 산지관리법 시행규칙 제4조 제2항 제4호에 따라 산림조사서를 제출한 경우와 660㎡ 이하로 산지를 전용하려는 경우에는 이를 제출하지 않음)

- 임종 임상 수종 임령 평균수고 입목축적이 포함될 것
- 산불발생 · 솎아베기 · 벌채 후 5년이 지나지 않았을 때에는 그 산불발생 · 솎아베기 · 벌채 전의 입목축적을 환산하여 조사 작성한 시점까지의 생장률을 반영한 입목축적이 포함될 것
- 허가신청일 전 2년 이내에 조사 작성될 것

⑧ 복구대상산지의 종단도 및 횡단도와 복구공종 공법 및 겨냥도가 포함된 복구계획서 1부(복구해야 할 산지가 있는 경우에 한정)

⑨ 「산림자원의 조성 및 관리에 관한 법률 시행령」제30조 제1항에 따른 산림공학 기술자 또는 국가기술자격법에 따른 산림기사 토목기사 측량 및 지형공간정보를 이용하여 표고 및 평균경사도를 산출한 경우에는 원본이 저장된 디스크 등 저경사도 조사서를 제출하였거나 660㎡ 이하로 산지를 전용하려는 경우에는 평균경사도 조사서를 제출하지 않음)

⑩ 농지법 제49조에 따른 농지원부 사본 1부(신청인이 산지관리법 시행규칙 제7조 제1호에 따른 농업인임을 증명해야 하는 경우에만 해당)

(11) 산지전용에 따른 입목 벌채

① 산림(채종림 등과 산림보호법 제7조에 따른 산림보호구역은 제외)안에서 입목의 벌채, 임산물(산지관리법 제2호 제4호 제5호에 따른 석재 및 토사는 제외)의 굴취 채취(이하 입목벌채 등)를 하려는 자는 시장 군수 구청장이나 지방산림청장의 허가를 받아야 한다. 허가받은 사항 중 중요사항을 변경하려는 경우에도 또한 같다.

② 산지관리법 제14조 제15조의2 제2항에 따른 산지전용신고 산지일시사용신고를 한 자(다른 법령에 따라 허가 또는 신고가 의제되거나 배제되는 행정처분을 받은 자를 포함한다)가 산지전용에 수반되는 입목 벌채를 등을 하려는 경우 허가 또는 신고를 요하지 않는다.

산지전용 [ ] 허가 / [ ] 변경허가 신청서

(앞쪽)

※ [ ]에는 해당되는 곳에 √표를 하고, 색상이 어두운 란은 신청인이 적지 않습니다.

접수번호	접수일	처리일	처리기간 25일

구분	항목	항목
신청인	성명	생년월일
	주소	전화번호
	해당 산지에 대한 권리관계	
산지 소유자	성명	생년월일
	주소	전화번호

전용대상 산지	소재지	지번	지목	면적(m^2)			
				계	임업용 산 지	공익용 산 지	준보전 산 지

부산물 생산현황	벌채 수종 및 수량			굴취 수종 및 수량			토석		
	수종	본수	재적	수종	본수	재적	계	석재	토사
		본	m^3		본	m^3	m^3	m^3	m^3

전용목적		전용기간	

변경사항	변경 전	변경 후	사 유

「산지관리법」 제14조제1항, 같은 법 시행령 제15조제1항 및 같은 법 시행규칙 제10조제1항 · 제2항에 따라 위와 같이 산지전용 [ ]허가 [ ]변경허가를 신청합니다.

년 월 일

신청인 (서명 또는 인)

산림청장
시 · 도지사, 시장 · 군수 · 구청장
지방산림청장,
지방산림청국유림관리소장 귀하

*첨부서류, 담당 공무원 확인사항, 수수료, 행정정보 공동이용 동의서 : 뒤쪽 참조

처리절차

신청서 ⇨ 접수 ⇨ 현지 조사 ⇨ 대체산림자원 조성비 및 추가복구비 산정 ⇨ 대체산림자원조성비 납부고지 및 추가복구비 예치 통지 ⇨ 대체산림자원 조성비 납부 및 추가복구비 예치 ⇨ 허가증 작성 ⇨ 허가증 발급

신청인 / 담당부서 / 신청인 / 담당부서

첨부서류	1. 산지전용허가신청 가. 사업계획서(산지전용의 목적, 사업기간, 산지전용을 하려는 산지의 이용계획, 입목 · 죽의 벌채를 통한 이용 또는 처리 계획, 토사처리계획 및 피해방지계획 등이 포함되어야 합니다) 1부 나. 「산지관리법」 제18조의2에 따른 산지전용타당성조사에 관한 결과서 1부. 이 경우 해당 결과서는 허가신청일 전 2년 이내에 완료된 산지전용타당성조사의 결과서를 말합니다. 다. 산지전용을 하려는 산지의 소유권 또는 사용 · 수익권을 증명할 수 있는 서류 1부(토지 등기사항증명서로 확인할 수 없는 경우에 한정하고, 사용 · 수익권을 증명할 수 있는 서류에는 사용 · 수익권의 범위 및 기간이 명시되어야 합니다) 라. 산지전용예정지가 표시된 축척 2만5천분의 1 이상의 지적이 표시된 지형도(「토지이용규제 기본법」 제12조에 따라 국토이용정보체계에 지적이 표시된 지형도의 데이터베이스가 구축되어 있지 않거나 지형과 지적의 불일치로 지형도의 활용이 곤란한 경우에는 지적도) 1부 마. 「측량 · 수로조사 및 지적에 관한 법률」 제44조 제3항에 따른 측량업의 등록을 한 자 또는 같은 법 제58조에 따른 대한지적공사(이하 "측량업자 등"이라 합니다)가 측량한 축척 6천분의 1부터 1천200분의 1까지의 산지전용예정지실측도 1부 바. 「산림자원의 조성 및 관리에 관한 법률 시행령」 제30조 제1항에 따른 기술2급 이상의 산림경영기술자가 조사 · 작성한 것으로서 다음 각 목의 요건을 갖춘 산림조사서 1부(수목이 있는 경우에 한정하고, 「산지관리법 시행규칙」 제4조 제2항 제4호에 따라 산림조사서를 제출한 경우와 660㎡ 이하로 산지를 전용하려는 경우에는 이를 제출하지 않습니다) 1) 임종 · 임상 · 수종 · 임령 · 평균수고 · 입목축적이 포함될 것 2) 산불발생 · 솎아베기 · 벌채 후 5년이 지나지 않았을 때에는 그 산불발생 · 솎아베기 · 벌채 전의 입목축적을 환산하여 조사 · 작성한 시점까지의 생장율을 반영한 입목축적이 포함될 것 3) 허가신청일 전 2년 이내에 조사 · 작성되었을 것 사. 복구대상산지의 종단도 및 횡단도와 복구공종 · 공법 및 견냥도가 포함된 복구계획서 1부(복구해야 할 산지가 있는 경우에 한정합니다) 아. 「산림자원의 조성 및 관리에 관한 법률 시행령」 제30조 제1항에 따른 산림공학기술자 또는 「국가기술자격법」에 따른 산림기사 · 토목기사 · 측량 및 지형공간정보기사 이상의 자격증 소지자가 조사 · 작성한 표고 및 평균경사도조사서(수치지형도를 이용하여 표고 및 평균경사도를 산출한 경우에는 원본이 저장된 디스크 등 저장장치를 포함합니다) 1부. 다만, 「산지관리법 시행규칙」 제4조 제2항 제5호에 따라 평균경사도조사서를 제출하였거나 660㎡ 이하로 산지를 전용하려는 경우에는 평균경사도조사서를 제출하지 않습니다. 자. 「농지법」 제49조에 따른 농지원부 사본 1부(신청인이 「산지관리법 시행규칙」 제7조 제1호에 따른 농업인임을 증명해야 하는 경우만 해당합니다) 2. 산지전용변경허가신청 : 변경사실을 증명할 수 있는 서류(토지 등기사항증명서로 확인할 수 없는 경우만 해당합니다)
담당 공무원 확인사항	1. 토지 등기사항증명서(신청인이 토지의 소유자인 경우만 해당합니다) 2. 축산업등록증(신청인이 농업인임을 증명해야 하는 경우만 해당합니다)
수수료	1. 산지전용허가신청 가. 허가를 신청하는 산지면적이 1만㎡ 이하인 경우 : 2만원 나. 허가를 신청하는 산지면적이 1만㎡를 초과하는 경우 : 2만원에 그 초과면적 1만㎡마다 2만원을 가산한 금액 2. 산지전용변경허가신청 : 없음

행정정보 공동이용 동의서	
본인은 이 건 업무처리와 관련하여 담당 공무원이 「전자정부법」 제36조 제1항에 따른 행정정보의 공동이용을 통하여 위의 담당 공무원 확인 사항 중 제2호의 축산업등록증을 확인하는 것에 동의합니다. * 신청인이 확인에 동의하지 않는 경우에는 축산업등록증 사본을 첨부해야 합니다.	
신청인	(서명 또는 인)

5. 농지전용 허가

(1) 정 의

태양광발전소를 건설하려는 부지가 현재 농지로 되어있는 경우, 사업자는 해당 농지를 발전사업이 가능한 대지로 형질변경 하여야 하는데, 이 때 필요한 인 · 허가가 농지전용허가이다.

(2) 허가권자

농림수산식품부장관, 시 도지사[농지법 시행령 제71조(권한의 위임) 제1항 및 제71조 제2항 단서의 규정 해당사항], 시장 군수 또는 자치구 구청장(농지법 시행령 제71조 제2항 본문의 규정 해당사항)

(3) 관련법령

- 농지법 제36조(농지의 전용허가·협의)~제45조(농지전용허가의 특례)
- 동법 시행령 제37조(농지전용허가의 신청)~제61조(농지전용허가의 특례)
- 동법 시행규칙 제25조(농지전용허가의 신청)~제48조(농지전용허가의 특례)

(4) 허가기준

① 농지의 전용허가 협의 관련 규정에 위배되지 않을 것

② 농지의 전용 목적

- 시설의 규모 및 용도의 적정성과 건축물의 건축에 해당하는 경우 도로 · 수도 및 하수도의 설치 등 당해 지역여건

③ 농지전용면적의 적정성

- 건축법의 적용을 받는 건축 또는 공장물의 설치에 해당하는 경우에는 건폐율(대지면적에 기초건축물을 시공면적 비율) 등 「건축법」규정
- 건축물 또는 공작물의 기능 · 용도 및 배치계획

④ 전용코자 하는 농지의 보전 필요성

- 경지정리 및 수리시설 등 농업생산기반 정비사업 시행 여부
- 당해 농지가 포함된 지역 농지의 집단화 정도
- 당해 농지전용으로 인해 인근농지의 연쇄적인 전용 등 농지 잠식우려가 있는 여부, 인근농지의 농업경영 환경을 저해할 우려가 있는지 여부, 농지축이 절단되거나 배수가 변경되어 물의 흐름에 지장을 주는지 여부

⑤ 농지전용으로 인한 피해가 예상되는 경우, 피해방지계획의 타당성

- 당해 농지전용이 농지개량시설 또는 도로의 폐지 · 변경을 수반하는 경우 예상되는 피해 및 피해방지계획의 적정성, 토사의 유출, 폐수의 배출, 악취 · 소음의 발생을 수반하는 경우 예상되는 피해 및 피해방지계획의 적정성, 인근 농지의 일조 · 통풍 · 통작에 현저한 지장을 초래하는 경우 그 피해 방지계획, 용수의 취수를 수반하는 경우 농수산업 또는 농어촌생활환경 유지에 예상되는 피해 및 피해방지계획의 적정성

⑥ 사업계획 및 자금조달계획이 전용목적사업의 실현에 적합하도록 수립되어 있을 것

(5) 허가의 제한

농지전용허가 및 협의(다른 법률에 따라 농지전용허가가 의제되는 협의를 포함)를 하거나 농지의 타 용도 일시사용허가 및 협의를 할 때 그 농지가 다음의 어느 하나에 해당하면 전용을 제한하거나 타 용도 일시사용을 제한할 수 있다.

① 전용하고자 하는 농지가 농업생산기반이 정비되어 있거나 농업생산기반정비 사업의 시행예정지역으로 편입되어 우량농지로 보전할 필요성이 있는 경우

② 당해 농지의 전용 또는 타용도일시사용이 일조 · 통풍 · 통작에 현저한 지장을 초래하거나 농지개량시설의 폐지를 수반하여 인근 농지의 농업경영에 현저한 영향을 미치는 경우

③ 당해 농지의 전용 또는 타용도일시사용에 따르는 토사의 유출 등으로 인근 농지 또는 농지개량시설을 훼손할 우려가 있는 경우

④ 전용목적의 실현을 위한 사업계획 및 자금조달계획이 불확실한 경우

⑤ 전용하고자 하는 면적이 전용목적 실현을 위한 면적보다 지나치게 넓은 경우

(6) 농지보전부담금

① 농지전용 허가의 전제조건 또는 허가의 부대조건으로 농지의 보전 관리 및 조성을 위한 부담금을 농지관리기금을 운용 관리하는 자(한국농촌공사)에 납입하여야 한다.

② 농지보존부담금의 규모의 m^2당 금액은 「부동산 가격공시 및 감정평가에 관한 법률」에 따른 해당농지의 개별공시지가의 30/100으로 한다. 다만, 산정한 농지보전부담금의 m^2당 금액이 농림수산식품부장관이 정하여 고시하는 금액을 초과하는 경우에는 농림수산식품부장관이 정하여 고시하는 금액을 농지보전부담금의 m^2당 금액으로 한다.

※ 부과금액은 (㎡당 농지보전부담금) × 전용면적

(7) 허가취소

농림수산식품부장관, 시장 · 군수 또는 자치구구청장은 농지전용허가 또는 농지의 타용도 일시사용허가를 받았거나 농지전용신고를 한 자가 다음의 어느 하나에 해당하면 허가를 취소하거나 관계 공사의 중지, 조업의 정지, 사업규모의 축소 또는 사업계획의 변경, 그 밖에 필요한 조치를 명할 수 있다. 다만, 7)에 해당하면 그 허가를 취소하여야 한다.

① 거짓이나 그 밖의 부정한 방법으로 허가를 받거나 신고를 한 것이 판명된 경우
② 허가목적이나 허가조건을 위반하는 경우
③ 허가의 목적 또는 조건을 위반하거나 허가 또는 신고 없이 사업계획 또는 사업규모를 변경하는 경우
④ 허가를 받거나 신고를 한 후 다음과 같은 정당한 사유 없이 2년 이상 대지의 조성, 시설물의 설치 등 농지전용 목적사업에 착수하지 아니하거나 농지전용 목적사업에 착수한 후 1년 이상 공사를 중단한 경우

- 농지전용 목적사업과 관련된 사업계획의 변경에 따른 행정기관의 허가 또는 인가를 얻기 위하여 농지전용 목적사업이 지연되는 경우
- 공공사업으로서 정부의 재정여건으로 인하여 농지전용 목적사업이 지연되는 경우
- 장비의 수입 또는 제작이 지체되어 농지전용 목적사업이 지연되는 경우
- 천재 · 지변 · 화재 그 밖의 재해로 인하여 농지전용 목적사업이 지연되는 경우
- 농지보전부담금을 내지 아니한 경우
- 허가를 받은 자나 신고를 한 자가 허가취소를 신청하거나 신고를 철회하는 경우
- 허가를 받은 자나 관계공사의 중지 등 조치명령을 위반한 경우

(8) 허가절차

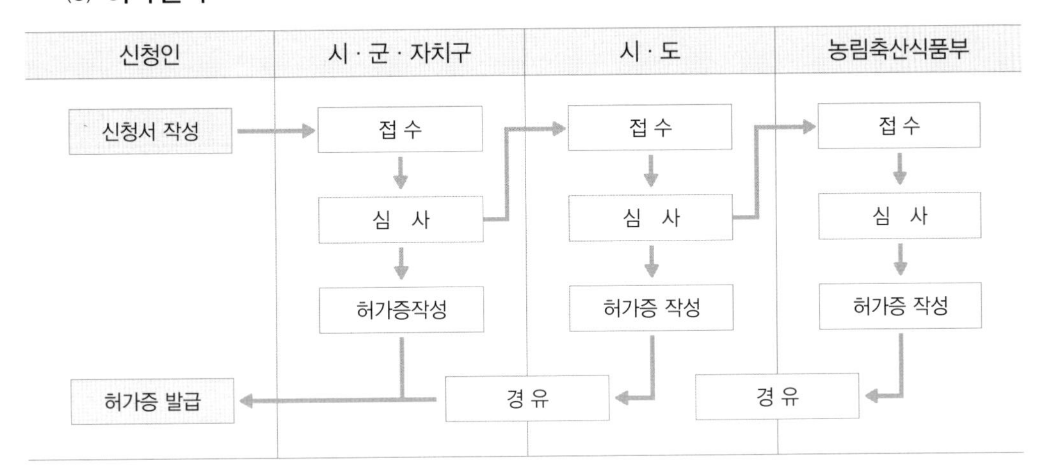

(9) 필요서류 목록

- 농지전용허가신청서 1부
- 전용목적, 사업시행자 및 시행기간, 시설물의 배치도, 소요자금 조달방안, 시설물관리 운영계획「대기환경보전법시행령」별표1 및「수질 및 수생태계 보전에 관한 법률 시행령」별표13에 따른 사업장 규모 등을 명시한 사업계획서 1부
- 전용하려는 농지의 소유권을 입증하는 서류(토지 등기사항증명서로 확인할 수 없는 경우만 해당)또는 사용승낙서 사용승낙의 뜻이 기재된 매매계약서 등 사용권을 가지고 있음을 입증하는 서류 1부
- 전용예정구역이 표시된 지적도등본 임야도등본 및 지형도 1부
- 해당 농지의 전용이 농지개량시설 또는 도로의 폐지 및 변경이나 토사의 유출, 폐수의 배출 또는 악취의 발생 등을 수반하여 인근 농지의 농업경영과 농어촌생활환경의 유지에 피해가 예상되는 경우에는 대체시설의 설치 등 피해방지계획서 1부

농지전용 [ ] 허가 [ ] 변경허가 신청서

※ 뒤쪽의 신청안내를 참고하시기 바라며, 색상이 어두운 란은 신청인이 작성하지 않습니다. (앞쪽)

접수번호	접수일자	처리기간	시·군·구	10일
			시·도	20일
			농림축산식품부	30일

신 청 인	성명 (명칭)	주민등록번호 (법인등록번호)
	주소	
	우편물수령지 (전화번호:)	

전용하려는 농 지	소재지	번지 외 필지			
	구분	계(m^2)	답	전	농지개량시설부지
	농업진흥구역				
	농업보호구역				
	농업진흥지역밖				
	계				

사업예정부지 총 면적(비농지 포함)	m^2 (농업진흥지역 m^2)	
사업기간	착공예정일: 년 월 일	준공예정일: 년 월 일
전용목적		

「농지법」 제34조 제1항, 같은 법 시행령 제32조 제1항 및 같은 법 시행규칙 제26조 제1항에 따라 위와 같이 농지전용의 허가(변경허가)를 신청합니다.

년 월 일

신청인 서명 또는 인

농 림 축 산 식 품 부 장 관
시 · 도 지 사 귀하
시장 · 군수 · 자치구구청장

첨부서류	1. 전용목적, 사업시행자 및 시행기간, 시설물의 배치도, 소요자금 조달방안, 시설물관리 · 운영계획, 「대기환경보전법 시행령」 별표 1 및 「수질 및 수생태계 보전에 관한 법률 시행령」 별표 13에 따른 사업장 규모 등을 명시한 사업계획서 2. 전용하려는 농지의 소유권을 입증하는 서류(토지 등기사항증명서로 확인할 수 없는 경우만 해당합니다) 또는 사용승낙서 · 사용승낙의 뜻이 기재된 매매계약서등 사용권을 가지고 있음을 입증하는 서류 3. 전용예정구역이 표시된 지적도등본 · 임야도등본 및 지형도 4. 해당 농지의 전용이 농지개량시설 또는 도로의 폐지 및 변경이나 토사의 유출, 폐수의 배출 또는 악취의 발생 등을 수반하여 인근 농지의 농업경영과 농어촌생활환경의 유지에 피해가 예상되는 경우에는 대체시설의 설치 등 피해방지계획서 5. 변경내용을 증명할 수 있는 서류를 포함한 변경사유서(변경허가 신청의 경우만 해당합니다)	수수료 「농지법 시행령」 제74조에 따름 수수료 「농지법 시행령」 제74조에 따름
담당공무원 확인사항	1. 해당 농지의 토지 등기사항증명서(신청인이 전용하려는 농지의 소유자인 경우만 해당합니다) 2. 지적도 · 임야도 및 지형도	

(뒤쪽)

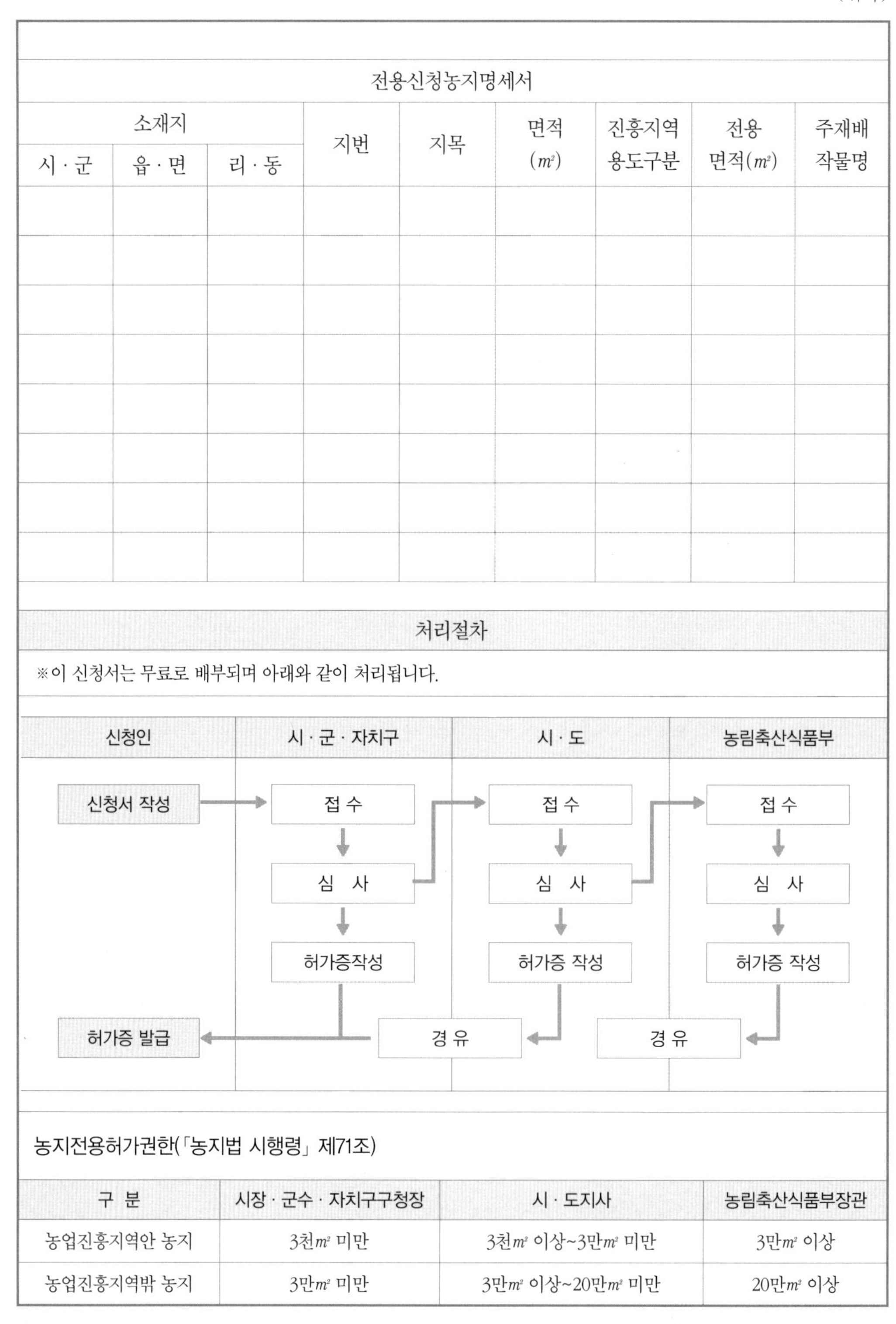

전용신청농지명세서

소재지			지번	지목	면적 (m^2)	진흥지역 용도구분	전용 면적(m^2)	주재배 작물명
시 · 군	읍 · 면	리 · 동						

처리절차

※이 신청서는 무료로 배부되며 아래와 같이 처리됩니다.

농지전용허가권한(「농지법 시행령」 제71조)

구 분	시장 · 군수 · 자치구구청장	시 · 도지사	농림축산식품부장관
농업진흥지역안 농지	3천m^2 미만	3천m^2 이상~3만m^2 미만	3만m^2 이상
농업진흥지역밖 농지	3만m^2 미만	3만m^2 이상~20만m^2 미만	20만m^2 이상

6. 사방지지정의 해제

(1) 정 의

태양광발전소를 사방지로 지정된 지역에 건설하고자 할 경우, 사업자가 그 지정을 해제하기 위해 득해야 하는 허가사항이다. 여기서 사방지란 사방사업, 즉 황폐지를 복구하거나 산지의 붕괴, 토석 나무 등의 유출 또는 모래의 날림 등을 방지 또는 예방하기 위하여 공작물을 설치하거나 식물을 파종 식재하는 사업 또는 이에 부수되는 경관의 조성이나 수원의 함양을 위한 사업을 시행하였거나 시행하기 위한 지역으로서 특별시장 광역시장 도지사 특별자치도지사(이하 시 도지사) 또는 지방 산림청장이 지정 고시한 지역을 말한다.

(2) 지정해제권자

시 도지사, 지방산림청장

(3) 관련 법령

① 사방사업법 제14조(사방지에서의 행위 제한), 제20조(사방지의 지정해제 등), 제25조(권한의 위임)
② 같은 법 시행령 제17조(사방지의 지정해제), 제19조(비용의 변상), 제22조(권한의 위임)
③ 같은 법 시행규칙 제12조(사방지의 지정해제)

(4) 지정해제기준

시 도지사 또는 지방산림청장은 사방지가 다음의 어느 하나에 해당하는 경우에는 그 지정을 해제 할 수 있다. 이 경우 시장 군수 구청장의 의견을 들어야 한다.

① 국가 또는 지방자치단체가 직접 경영하는 사업을 위하여 필요하다고 인정될 때
② 국가 또는 지방자치단체가 그 시책으로 권장하는 사업을 위하여 필요하다고 인정될 때
③ 「공익사업을 위한 토지 등의 취득 및 보상에 관한 법률」 제4조에 따른 공익사업을 위하여 필요하다고 인정될 때
④ 다음의 사업을 위한 토석채취를 위하여 필요하다고 인정될 때
- 철도 항만 공항 도로 간척 등 공공사업
- 국가 또는 지방자치단체가 직접 시행하거나 위탁하여 시행하는 사업
- 농지의 지력증진을 위한 객토사업
- 지방자치단체의 장이 시책 상 특히 필요하다고 인정하는 토석채취사업

⑤ 사방사업 시행 후 10년이 경과된 사방지로서 다음과 같은 사방지의 지정 목적이 달성 되었을 때
- 사방시설에 의하여 지반이 안정되어 토사유출 및 침식의 우려가 없고 입목 죽, 풀 등이 정상적으로 생육하고 있는 때
- 보살펴 기르는 작업, 벌채 등 계속적인 산림사업을 하여도 다시 황폐될 우려가 없는 때

⑥ 다음과 같은 사방지 지정 목적이 상실되었을 때
- 사방지 주위의 토지가 산림 외 다른 목적으로 개발되어 사방지로 존치시킬 필요가 없다고 인정될 때
- 자연적인 조건으로 모래언덕의 이동 등에 의한 토지의 형상변경에 의하여 사방시설이 없어지거나 수몰되어 다시 사방사업을 시행할 필요가 없을 때
- 야계사방사업 시행지의 시내 또는 하천의 물 흐름이 자연적인 현상 또는 다른 목적의 개발로 인하여 변경되어 사방지로 존치시킬 필요가 없다고 인정될 때

(5) 비용의 변상

사방지의 지정을 해제 받으려는 자는 다음의 비용을 사방시설의 관리자에게 변상하여야 한다. 다만, 「전기사업법」의 규정에 의하여 전기설비의 설치의 경우는 비용의 변상이 면제된다.

(6) 지정해제절차

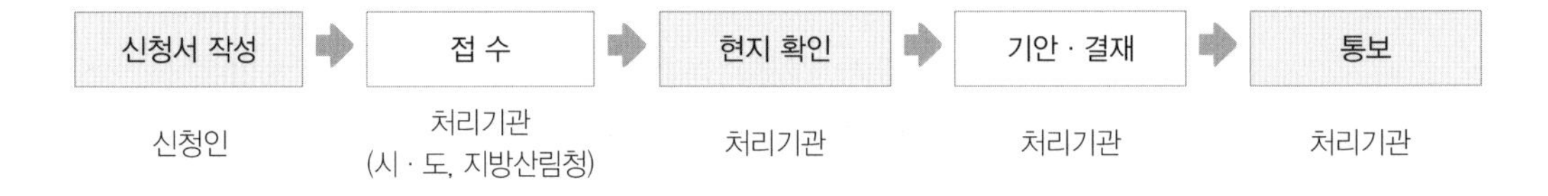

(7) 필요서류 목록

① 사방지 지정해제 신청서 1부

② 사업계획서 1부

③ 사방지의 해제를 받고자 하는 구역을 실측한 축척이 1/6,000 이상 1/1,200 이하인 도면 1부 (사방사업법 시행령 제4조 제2항 제1호 각 목의 어느 하나에 해당하는 자가 측량한 것만 해당)

④ 토지의 소유권 또는 사용 · 수익권을 증명할 수 있는 서류(토지 등기사항증명서로 확인할 수 없는 경우만 해당) 1부

사방지 지정해제 신청서

※ 색상이 어두운 란은 신청인이 적지 않습니다.

접수번호	접수일	처리일	처리기간 7일

신청인	성명	생년월일
	주소 (전화번호:)	소유자 또는 점유자와의 관계
소유자 또는 점유자	성명	생년월일
	주소	전화번호

토지 소재지	지번	면적	사방지 면적	사방지 지정 연월일	비 고
		㎡	㎡		

해제신청 면적	㎡	해제목적		그 밖의 사항	

「사방사업법」 제20조, 같은 법 시행령 제17조 제1항 및 같은 법 시행규칙 제112조 제1항에 따라 위와 같이 신청합니다.

년 월 일

신청인 (서명 또는 인)

시 · 도지사
지방산림청장 귀하

첨부서류	1. 사업계획서 1부 2. 사방지의 해제를 받으려는 구역을 실측한 축척이 6천분의 1 이상 1천2백분의 1이하인 도면 1부(「사방사업법 시행령」 제4조 제2항 제1호 각 목의 어느 하나에 해당하는 자가 측량한 것만 해당합니다) 3. 토지의 소유권 또는 사용 · 수익권을 증명할 수 있는 서류(토지 등기사항증명서로 확인할 수 없는 경우만 해당하고, 사용 · 수익권을 증명할 수 있는 서류에는 사용 · 수익권의 범위 및 기간이 자세히 적혀야 합니다) 1부	수수료 없음
담당 공무원 확인사항	토지 등기사항증명서(신청인이 토지의 소유자인 경우만 해당합니다)	

처리절차

신청서 작성	⇨	접 수	⇨	현지 확인	⇨	기안 · 결재	⇨	통보
신청인		처리기관 (시 · 도, 지방산림청)		처리기관 (시 · 도, 지방산림청)		처리기관 (시 · 도, 지방산림청)		처리기관 (시 · 도, 지방산림청)

7. 사도개설의 허가

(1) 정 의

태양광발전소를 건설함에 있어, 구조물의 운송 등을 위해 사도를 개설할 필요가 있을 때 득해야하는 인 · 허가를 말한다.

(2) 허가권자

특별자치시장, 특별자치도지사 또는 시장 군수 자치구 구청장

(3) 관련 법령

- 사도법 제4조(개설허가)
- 같은 법 시행령 제2조(개설허가 신청), 제6조(사도의 구조)
- 같은 법 시행규칙 제1조(개설허가 등 신청서의 서식)

(4) 허가절차

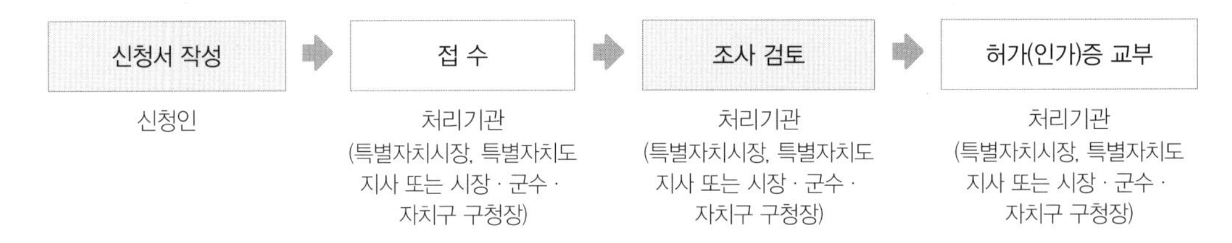

(5) 필요서류 목록

① 사도개설허가 신청서 1부

② 계획도면 1부

③ 타인의 소유에 속하는 토지를 사용하고자 할 때는 그 권한을 증명하는 서류 1부

④ 특별자치시장, 특별자치도지사 또는 시장 군수 자치구 구청장이 필요하다고 인정할 때에 첨부하는 다음의 해당 서류

- 공사계획서 1부
- 경비예산명세서 1부
- 설계도(평면도·종단면도·횡단면도 그 밖에 주요 부분에 대한 상세도) 1부
- 구조검토서(교량 등 주요 구조물을 설치하는 경우에 한함) 1부
- 수리검토서(기존 배수체계를 저해할 우려가 있는 경우에 한함) 1부

사도 설치(개축 · 증축 · 변경) 허가신청서				처리기간 7일
신청인	성명(법인의 경우는 그 명칭 및 대표자성명)		주민등록번호 (법인등록번호)	
	주 소	우 (전화:)		
공사개요	설치목적			
	연 장			
	폭 원			
착공예정연월일			준공예정연월일	
공사방법				
공사예산				
구 간				

「사도법」 제4조 및 동법 시행령 제2조의 규정에 의하여 위와 같이 사도 설치(증축 · 개축 · 변경) 허가를 신청합니다.

수수료
없음

년 월 일

신청인 (서명 또는 인)

특별시장 · 광역시장 · 시장 · 군수 귀하

첨부서류

1. 계획도면
2. 타인의 소유에 속하는 토지를 사용하고자 할 때에는 그 권한을 증명하는 서류
3. 공사계획서, 경비예산명세서, 설계도(평면도 · 종단면도 · 횡단면도 그 밖에 주요부분에 대한 상세도를 말합니다), 구조검토서(교량 등 주요구조물을 설치하는 경우에 한합니다), 수리검토서(기존 배수체계를 저해할 우려가 있는 경우에 한합니다)

비고 : 제3호의 서류는 특별시장 · 광역시장 · 시장 또는 군수가 필요하다고 인정할 때에만 해당 서류를 첨부합니다.

8. 무연분묘의 개장 허가

(1) 정 의

태양광발전소를 건설하고자 하는 지역에 무연고 분묘가 있을 경우 개장(매장한 시체 또는 유골을 다른 분묘 또는 납골시설에 옮기거나 화장함)후 사업면적 확보를 하기 위한 인 · 허가 절차를 말한다.

(2) 허가권자

특별자치도지사, 시장 군수 자치구 구청장

(3) 관련 법령

- 장사 등에 관한 법률 제27조(타인의 토지 등에 설치된 분묘의 처리 등)
- 같은 법 시행규칙 제4조(무연고 시체 등의 처리공고)

(4) 허가대상

토지 소유자(점유자나 그 밖의 관리인을 포함), 묘지 설치자 또는 연고자는 다음의 어느 하나에 해당하는 분묘에 대하여 그 분묘를 관할하는 특별자치도지사, 시장 군수 자치구 구청장의 허가를 받아 분묘에 매장된 시체 또는 유골을 개장할 수 있다.

- 토지 소유자의 승낙 없이 당해 토지에 설치한 분묘
- 묘지 설치자 또는 연고자의 승낙 없이 당해 묘지에 설치한 분묘

(5) 허가절차

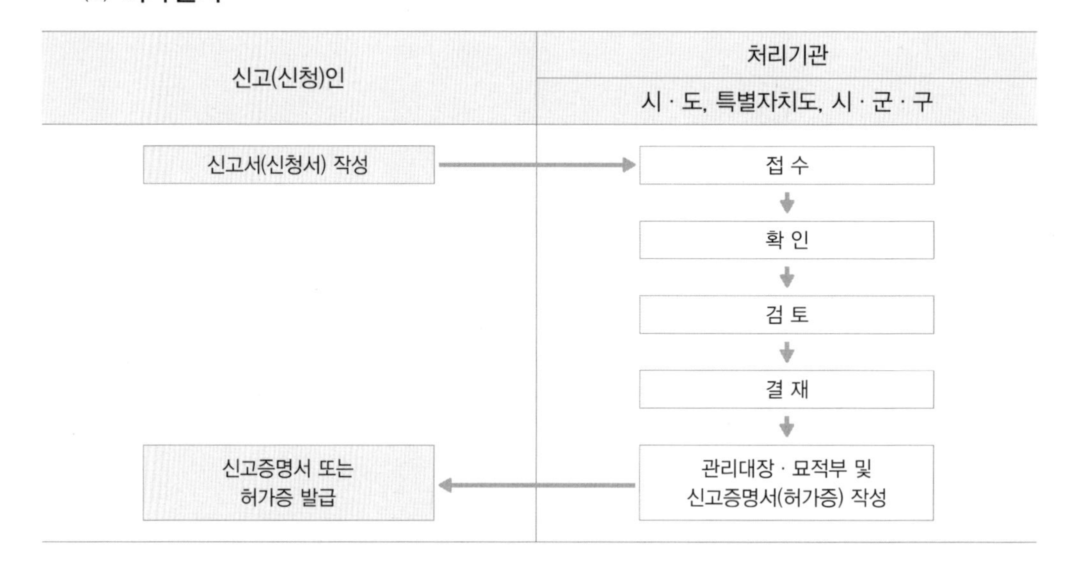

(6) 필요서류 목록

- 무연분묘 개장신청서 1부
- 기존 분묘의 사진 1부
- 분묘의 연고자를 알지 못하는 사유 1부
- 묘지 또는 토지가 개장허가 신청인의 소유토지임을 증명하는 서류 1부
- 「부동산등기법」등 관계법령에 의하여 해당 토지 등의 사용에 관하여 해당 분묘연고자의 권리가 없음을 증명하는 서류 1부
- 통보문 또는 공고 1부

제 호 개장 □신고서 □허가신청서 ※ □에 √를 기재하시기 바랍니다.						처리기간 개장신고 : 2일 개장허가 : 3일
사망자	성 명		주민등록번호	-	사망연월일	. .
	묘지 또는 봉안된 장소				매장 또는 봉안연월일	
	개장장소				개장방법 (매장 · 화장)	
	개장의 사유				매장(봉안)기간	~
신고인 (허가신청인)	성 명		주민등록번호	-	사망자와의 관계	
	주 소				전화번호	

「장사 등에 관한 법률」 제8조 · 제27조 및 같은 법 시행규칙 제2조 · 제18조에 따라 개장신고(허가신청)합니다.

. . .

신고인(신청인) (서명 또는 날인)

귀하

구비서류 (행정정보의 공동이용을 통하여 첨부서류에 대한 정보를 확인할 수 있는 경우에는 그 확인으로 첨부서류를 갈음합니다)	담당 공무원 확인사항
1. 개장신고의 경우 가. 기존 분묘의 사진 나. 통보문 또는 공고문(설치기간이 종료된 분묘의 경우만 해당합니다) 2. 개장허가의 경우 가. 기존 분묘의 사진 나. 분묘의 연고자를 알지 못하는 사유 다. 묘지 또는 토지가 개장허가 신청인의 소유임을 증명하는 서류 라. 「부동산등기법」 등 관계 법령에 의하여 해당 토지 등의 사용에 관하여 해당 분묘연고자의 권리가 없음을 증명하는 서류 마. 통보문 또는 공고	1. 토지(임야)대장 2. 토지등기부 등본

제 호 개장 □신고증명서 □허가증 ※ □에 √를 기재하시기 바랍니다.						
사망자	성 명				사망연월일	. . .
	묘지 또는 봉안된 장소				매장 또는 봉안연월일	. . .
	개장장소				개장방법 (매장 · 화장)	
신고인 (신청인)	성 명		주민등록번호	-	사망자와의 관계	
	주 소				전화번호	

「장사 등에 관한 법률」 제8조 · 제27조 및 같은 법 시행규칙 제2조 · 제18조에 따라 위와 같이 개장신고(허가)를 하였으므로 신고증명서(허가증)를 발급합니다.

년 월 일

시 · 도지사, 특별자치도지사, 시장 · 군수 · 구청장 인

9. 초지전용의 허가

(1) 정 의

태양광발전소를 초지에 건설하는 경우, 사업자가 해당 초지를 임대 또는 매입하여 공작물의 축조가 가능한 대지로 형질을 변경하기 위한 인 · 허가를 말한다.

(2) 허가권자

시장 또는 군수 또는 자치구 구청장

(3) 관련 법령

- 초지법 제23조(초지의 전용 등)
- 같은 법 시행령 제16조(초지의 전용허가 등)
- 같은 법 시행규칙 제15조(초지의 전용허가 등)

(4) 허가기준

- 전용목적의 실현 가능성
- 전용목적사업을 위한 최소한의 필요한 토지면적
- 인근 초지 및 농지에 피해가 없도록 하기 위한 피해방지시설의 설치계획
- 대체시설의 설치계획(인근 초지 및 농지용 도로 등의 폐지가 수반되는 경우에 한함)
- 잔여초지의 이용 가능성(초지의 일부만을 전용하는 경우에 한함)

(5) 허가조건

- 시장 · 군수 또는 자치구 구청장은 대체초지조성비를 납입하여야 하는 자에 대하여 허가를 할 때에는 대체초지조성비를 미리 납입하게 하거나 대체 초지조성비의 납입을 허가 등의 조건으로 하여야 한다.
- 초지전용의 허가를 받아 초지의 전용을 하고자 하는 자는 대체초지조성비를 「축산법」 제43조의 규정에 의한 축산발전기금에 납입하여야 한다.

(6) 허가의 취소

시장 군수 또는 자치구 구청장은 초지전용허가를 받은 자가 다음의 어느 하나에 해당하는 경우에는 허가를 취소하거나 관계공사의 중지, 사업의 정지, 사업규모의 축소 또는 사업계획의 변경 그 밖에 필요한 조치를 명할 수 있다.

① 거짓 그 밖의 부정한 방법으로 허가를 받거나 신고를 한 경우

② 허가의 목적 또는 조건을 위반하거나 허가 또는 신고 없이 사업계획 또는 사업규모를 변경한 경우

③ 허가를 받거나 신고를 한 후 다음의 정당한 사유 없이 2년 이상 초지전용 목적 사업에 착수하지 아니하거나 초지전용 목적사업에 착수한 후 1년 이상 공사를 중단한 경우

- 초지전용 목적사업과 관련된 사업계획의 변경에 따른 행정기관의 허가 또는 인가를 얻기 위하여 초지전용 목적사업이 지연되는 경우
- 공공사업으로서 정부의 재정여건으로 인하여 초지전용 목적사업이 지연되는 경우
- 장비의 수입 또는 제작이 지체되어 초지전용 목적사업이 지연되는 경우
- 천재지변 화재 그 밖의 재해로 인하여 초지전용 목적사업이 지연되는 경우

④ 대체초지조성비를 납입하지 아니한 경우

(7) 허가절차

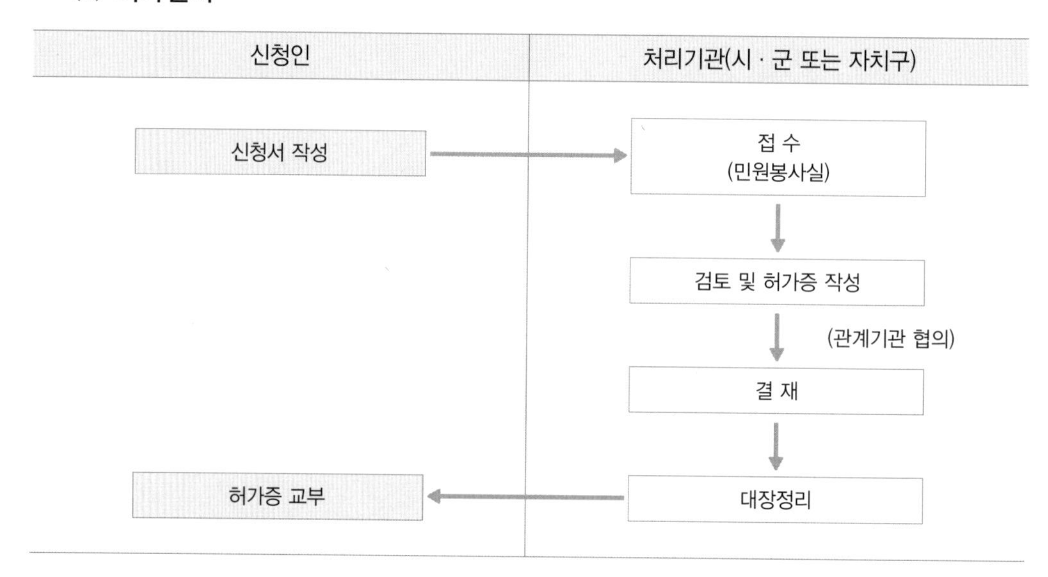

(8) 필요서류 목록

- 초지전용허가신청서 1부
- 사업계획서 1부
- 초지의 소유권을 증명하는 서류 또는 소유자의 초지전용승낙서 1부
- 피해방지계획서(인근 초지 또는 농지에 피해를 줄 우려가 있는 시설을 설치하는 경우에 한함) 1부
- 잔여초지활용계획서(초지의 일부만을 전용하는 경우에 한함) 1부

초지전용허가(변경허가)신청서

(앞쪽)

<table>
<tr><td>접수번호</td><td colspan="3">접수일</td><td colspan="2">처리기한 35일</td></tr>
<tr><td rowspan="2">신청인</td><td colspan="3">성명</td><td colspan="2">생년월일</td></tr>
<tr><td colspan="5">주소
(전화번호:)</td></tr>
<tr><td rowspan="8">신청 내용</td><td>소 재 지</td><td colspan="4"></td></tr>
<tr><td colspan="2">초지 조성일</td><td colspan="3">년 월 일</td></tr>
<tr><td rowspan="2">이용현황</td><td>개량목초 재배지</td><td>사료작물 재배지</td><td>기 타</td><td>계</td></tr>
<tr><td>㎡</td><td>㎡</td><td>㎡</td><td>㎡</td></tr>
<tr><td rowspan="2">전용계획 면적</td><td>농작물 재배지</td><td>시 설 부 지</td><td>기 타</td><td>계</td></tr>
<tr><td>㎡</td><td>㎡</td><td>㎡</td><td>㎡</td></tr>
<tr><td>공사기간</td><td>착 공</td><td>년 월 일</td><td>준 공</td><td>년 월 일</td></tr>
<tr><td colspan="2">전용 목적 및 사유</td><td colspan="3"></td></tr>
</table>

「초지법」 제23조의2항 및 같은 법 시행령 제16조 제2항에 따라 초지전용을 허가(변경허가)해 줄 것을 신청합니다.

년 월 일

신청인 (서명 또는 인)

시장 · 군수 · 구청장 귀하

첨부서류	1. 사업계획서 2. 초지의 소유권을 증명하는 서류 또는 소유자의 초지전용 승낙서 3. 피해방지계획서(인근 초지 또는 농지에 피해를 줄 우려가 있는 시설을 설치하는 경우만 해당합니다) 4. 잔여초지활용계획서(초지의 일부만을 전용하는 경우만 해당합니다) 5. 변경사유서(변경내용을 증명할 수 있는 서류를 포함합니다) 및 허가증(변경허가 신청의 경우만 해당합니다)	수수료 없 음

10. 전기사업용 전기설비의 공사계획 인가 또는 신고

(1) 인가의 목적

전기설비의 설치 및 변경 공사를 함에 있어, 전기설비의 안전확보 여부와 전기의 원활한 공급을 위해 그 공사계획에 대해 사전에 지식경제부장관의 인가를 받거나 특별시장 · 광역시장 · 도지사 또는 특별자치도지사에게 신고해야 한다.

(2) 관련 행정청

지식경제부장관, 특별시장 광역시장 도지사 또는 특별자치도지사

(3) 관련 법령

- 전기사업법 제61조(전기사업용전기설비의 공사계획의 인가 또는 신고)
- 같은 법 시행령 제42조(공사계획의 인가)
- 같은 법 시행규칙 제28조(인가 및 신고를 하여야 하는 공사계획)

(4) 인가 및 신고 기준

- 인가사항 : 설비용량이 1만kW 이상인 발전설비 공사계획은 지식경제부장관이 인가한다.
- 신고사항 : 설비용량이 1만kW 미만인 발전설비 공사계획의 신고 및 변경신고의 접수는 특별시장 광역시장 도지사 또는 특별자치도지사에 대한 위임사항이다.

(5) 인가 및 신고 절차

- 인가절차 : 신청서 작성 → 접수 → 검토 → 결정 → 인가
- 신고절차 : 신청서 작성 → 접수 → 검토 → 접수처리 → 신고확인증 발급

(6) 필요서류 목록

① 인가사항인 경우

- 공사계획인가신청서 1부
- 공사계획서 1부
- 전기설비의 종류에 따라 별표8의 제2호의 규정에 의한 사항을 기재한 서류 및 기술자료 1부
- 공사공정표 1부
- 기술시방서 1부

- 원자력발전소의 경우에는 원자로 및 관계시설의 건설허가서 사본 1부
- 「전력기술관리법」제12조의 제4항에 따른 감리원 배치확인서(공사감리대상인 경우만 해당하고, 전기안전관리자가 자체감리를 하는 경우에는 자체감리를 확인할 수 있는 서류) 1부

② 신고사항의 경우

- 전기설비시설계획신고서 1부
- 공사계획서 1부
- 전기설비의 종류에 따라 별표8의 제2호에 따른 사항을 적은 서류 및 기술자료 1부
- 공사공정표 1부
- 기술시방서 1부
- 「전력기술관리법」제12조의2 제4항에 따른 감리원 배치확인서(공사감리대상인 경우만 해당하고, 전기안전관리자가 자체감리를 하는 경우에는 자체감리를 확인할 수 있는 서류) 1부

공사계획 [ ] 허가 [ ] 변경허가 신청서

※ 바탕색이 어두운 난은 신청인이 작성하지 않으며, [ ]에는 해당되는 곳에 √표를 합니다.

접수번호	접수일자	처리기간 20일

공사명		
신청인	대표자 성명	전화번호
	회사명 또는 상호	
	주소	

「전기사업법」 제61조 · 제62조 및 같은 법 시행규칙 제29조 제1항에 따라 공사계획 [ ]인가 [ ]변경인가를 신청합니다.

년 월 일

신청인 (서명 또는 인)

산업통상자원부장관 귀하

첨부서류

1. 자가용 전기설비 중 용량 1천킬로와트 미만의 수용설비와 용량 500킬로와트 미만의 비상용 예비발전설비는 다음 서류를 첨부합니다.
   가. 「전력기술관리법」 제2조 제3호에 따른 설계도서 1부
   나. 「전력기술관리법」 제12조의2 제4항에 따른 감리원 배치확인서(공사감리대상인 경우만 해당합니다). 다만, 전기안전관리자가 자체감리를 하는 경우에는 자체감리를 확인할 수 있는 서류 1부
   다. 공사계획을 변경하는 경우에는 변경이유서 및 변경내용을 적은 서류 1부
2. 제1호 외의 전기설비
   가. 공사계획서 1부
   나. 전기설비의 종류에 따라 별표 8의 제2호에 따른 사항을 적은 서류 및 기술자료 1부
   다. 공사공정표 1부
   라. 기술시방서 1부
   마. 원자력발전소의 경우에는 원자로 및 관계시설의 건설허가서 사본 1부
   바. 「전력기술관리법」 제12조의2 제4항에 따른 감리원 배치확인서(공사감리대상인 경우만 해당합니다). 다만, 전기안전관리자가 자체감리를 하는 경우에는 자체감리를 확인할 수 있는 서류 1부
   사. 공사계획을 변경하는 경우에는 변경이유서 및 변경내용을 적은 서류 1부

처리절차

신청서 작성 ⇨ 접 수 ⇨ 검 토 ⇨ 결 정 ⇨ 인 가

신청인 / 처리기관 : 산업통상자원부

첨부 요령

1. 변경공사 중 전기설비 폐지공사의 경우에는 전기사업용 전기설비는 첨부서류 중 제2호 나목의 서류를, 자가용 전기설비의 경우에는 첨부서류 중 제2호 나목부터 바목까지의 서류를 첨부하지 않을 수 있으며, 자가용 전기설비 중 용량 1천킬로와트 미만의 수용설비와 용량 500킬로와트 미만의 비상용 예비발전설비의 경우에는 첨부서류를 제출하지 않습니다.
2. 공사계획을 나누어 인가신청을 하려는 경우에는 해당 인가신청 부분 외의 공사계획의 개요를 적은 서류를 첨부해야 합니다.

공사계획 [ ] 신고서 [ ] 변경신고서

※ [ ]에는 해당되는 곳에 √표를 합니다.

공사명		
신고인	대표자 성명	전화번호
	회사명 또는 상호	
	주소	

「전기사업법」 제61조 · 제62조 및 같은 법 시행규칙 제29조 제2항에 따라 공사계획 [ ]신고 [ ]변경신고를 합니다.

년 월 일

신고인 (서명 또는 인)

산업통상자원부장관
시 · 도 지 사 귀하
한국전기안전공사사장

첨부서류	
첨부서류	1. 자가용 전기설비 중 용량 1천킬로와트 미만의 수용설비와 용량 500킬로와트 미만의 비상용 예비발전설비 및 별표 7의 제2호 나목에 따른 변경공사는 다음 서류를 첨부합니다. 가. 「전력기술관리법」 제2조 제3호에 따른 설계도서 1부 나. 「전력기술관리법」 제12조의2 제4항에 따른 감리원 배치확인서(공사감리대상만 해당합니다). 다만, 전기안전관리자가 자체감리를 하는 경우에는 자체감리를 확인할 수 있는 서류 1부 다. 공사계획을 변경하는 경우에는 변경이유서 및 변경내용을 적은 서류 1부 2. 제1호 외의 전기설비 가. 공사계획서 1부 나. 전기설비의 종류에 따라 별표 8의 제2호에 따른 사항을 적은 서류 및 기술자료 1부 다. 공사공정표 1부 라. 기술시방서 1부 마. 원자력발전소의 경우에는 원자로 및 관계시설의 건설허가서 사본 1부 바. 「전력기술관리법」 제12조의2 제4항에 따른 감리원 배치확인서(공사감리대상만 해당합니다). 다만, 전기안전관리자가 자체감리를 하는 경우에는 자체감리를 확인할 수 있는 서류 1부 사. 공사계획을 변경하는 경우에는 변경이유서 및 변경내용을 적은 서류 1부

처리절차

신고서 작성 ⇨ 접 수 ⇨ 검 토 ⇨ 접수 처리 ⇨ 신고확인증 발급

신고인 / 처리기관 : 산업통상자원부, 시 · 도, 한국전기안전공사

첨부 요령

1. 변경공사 중 전기설비 폐지공사의 경우에는 전기사업용 전기설비는 첨부서류 중 제2호 나목의 서류를, 자가용 전기설비의 경우에는 첨부서류 중 제2호 나목부터 바목까지의 서류를 첨부하지 않을 수 있으며, 자가용 전기설비 중 용량 1천킬로와트 미만의 수용설비와 용량 500킬로와트 미만의 비상용 예비발전설비의 경우에는 첨부서류를 제출하지 않습니다.
2. 공사계획을 나누어 신고를 하려는 경우에는 해당 신고 부분 외의 공사계획의 개요를 적은 서류를 첨부해야 합니다.

전기사업 허가신청서

※ 바탕색이 어두운 난은 신청인이 작성하지 않습니다.

접수번호	접수일자	처리기간 60일

구분	항목	
신청인	대표자 성명	주민등록번호
	주소	
	상호	전화번호
신청 내용	사업의 종류	
	설치장소	
	사업구역 또는 특정한 공급구역	
	전기사업용 전기설비에 관한 사항	
	사업에 필요한 준비기간	

「전기사업법」 제7조제1항 및 같은 법 시행규칙 제4조에 따라 위와 같이 ( )사업의 허가를 신청합니다.

년 월 일

신청인 (서명 또는 인)

산업통상자원부장관
시 · 도지사 귀하

첨부서류	「전기사업법 시행규칙」 제4조제1항 각 호의 어느 하나에 해당하는 사항 각 1부	수수료
산업통상자원부장관 또는 시 · 도지사 확인사항	법인 등기사항증명서	없음

※ 첨부서류(「전기사업법 시행규칙」 제4조 제1항 관련)

1. 「전기사업법 시행규칙」 별표 1의 작성요령에 따라 작성한 사업계획서
2. 사업개시 후 5년 동안의 「전기사업법 시행규칙」 별지 제2호 서식의 연도별 예상사업손익산출서
3. 배전선로를 제외한 전기사업용전기설비의 개요서
4. 배전사업의 허가를 신청하는 경우에는 사업구역의 경계를 명시한 5만분의 1 지형도
5. 구역전기사업의 허가를 신청하는 경우에는 특정한 공급구역의 위치 및 경계를 명시한 5만분의 1 지형도
6. 발전사업 또는 구역전기사업의 허가를 신청하는 경우에는 송전관계일람도
7. 발전사업 또는 구역전기사업의 허가를 신청하는 경우에는 발전원가명세서
8. 신용평가의견서(「신용정보의 이용 및 보호에 관한 법률」 제2조제4호에 따른 신용정보업자가 거래신뢰도를 평가한 것을 말합니다) 및 재원 조달계획서
9. 전기설비의 운영을 위한 기술인력의 확보계획을 적은 서류
10. 신청인이 법인인 경우에는 그 정관 및 직전 사업연도말의 대차대조표 · 손익계산서
11. 신청인이 설립 중인 법인인 경우에는 그 정관
12. 전기사업용 수력발전소 또는 원자력발전소를 설치하는 경우에는 발전용 수력의 사용에 대한 「하천법」 제33조 제1항의 허가 또는 발전용 원자로 및 관계시설의 건설에 대한 「원자력법」 제11조 제1항의 허가사실을 증명할 수 있는 허가서의 사본(허가신청 중인 경우에는 그 신청서의 사본)

※ 발전설비용량이 3천킬로와트 이하인 발전사업(발전설비용량이 200킬로와트 이하인 발전사업은 제외합니다)의 허가를 받으려는 자는 제1호, 제6호, 제7호, 제9호 및 제12호 서류를 첨부하고, 발전설비용량이 200킬로와트 이하인 발전사업의 허가를 받으려는 자는 제1호 및 제5호의 서류를 첨부합니다.

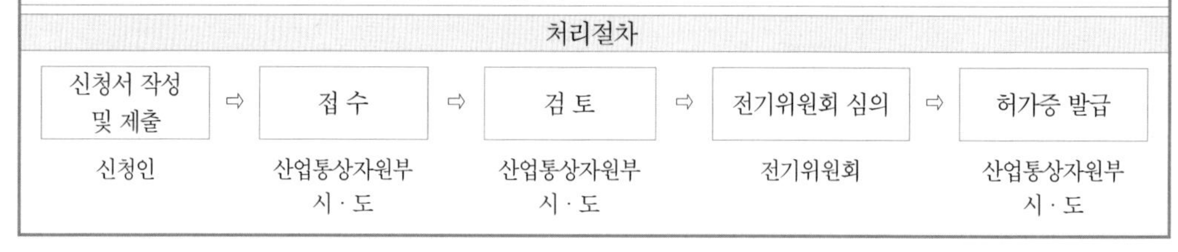

11. 문화재 지표조사

(1) 목 적

태양광발전 사업계획 지역에 대한 유적의 매장 및 분포여부를 확인하기 위해서 문화재 지표조사를 한다.

(2) 관련 행정청

지방자치단체의 장, 문화재청장

(3) 관련 법령

- 매장문화재 보호 및 조사에 관한 법률 제6조(매장문화재 지표조사)~제10조(보존조치에 따른 건설공사 시행자의 의무 등)
- 같은 법 시행령 제4조(지표조사의 대상 사업)~제7조(문화재 보존 조치의 내용과 절차 등)
- 같은 법 시행규칙 제3조(지표조사의 실시시기)~제5조(문화재 보존 조치의 내용)

(4) 지표조사의 대상사업

1) 원 칙

건설공사의 규모에 따라 다음의 건설공사의 시행자는 해당 건설공사 지역에 문화재가 매장 분포되어 있는지를 확인하기 위하여 사전에 매장문화재 지표조사를 하여야 한다.

이 경우 동일한 목적으로 분할하여 연차적으로 개발하거나 연접하여 개발함으로서 사업의 전체 면적이 ① 또는 ②에서 정하는 규모 이상인 건설공사를 포함한다.

① 토지에서 시행하는 건설공사로서 사업면적(매장문화재 유존지역, 절토나 굴착으로 인하여 유물이나 유구 등을 포함하고 있는 지층이 이미 훼손된 지역 및 공유수면의 매립, 하천 또는 해저의 준설, 골재 및 광물의 채취가 이미 이루어진 지역의 면적은 제외)이 3만m^2 이상인 경우

② 내수면어업법 제2조 제1호에 따른 내수면에서 시행하는 건설공사로서 사업면적이 3만m^2 이상인 경우. 다만, 내수면에서 이루어지는 골재채취사업의 경우에는 사업면적이 15만m^2 이상인 경우로 한다.

③ 연안관리법 제2조 제1호에 따른 연안에서 시행하는 건설공사로서 사업면적이 3만m^2 이상인 경우. 다만, 연안에서 이루어지는 골재채취사업의 경우에는 사업면적이 15만m^2 이상인 경우로 한다.

④ ①부터 ③까지의 규정에서 정한 사업면적 미만이면서 다음의 어느 하나에 해

당하는 건설공사로서 지방자치단체의 장이 지표조사가 필요하다고 인정하는 경우

- 과거에 매장문화재가 출토된 지역에서 시행되는 건설공사
- 매장문화재가 발견된 곳으로 신고된 지역에서 시행되는 건설공사
- 고도보존 및 육성에 관한 특별법 제10조 제1항에 따라 지정된 역사문화환경 보존육성지구 및 역사문화환경 특별보존지구에서 시행되는 건설공사
- 서울특별시의 퇴계로 · 다산로 · 왕산로 · 율곡로 · 사직로 · 의주로 및 그 주변 지역으로서 서울특별시의 조례로 정하는 구역에서 시행되는 건설공사
- 그 밖에 문화재가 매장되어 있을 가능성이 큰 지역에서 시행되는 건설공사

2) 예 외

다음의 어느 하나에 해당하는 건설공사에 대해서는 지표조사를 실시하지 아니하고 건설공사를 시행할 수 있다. 다만, ①에서 ③까지의 경우에는 건설공사의 시행자가 건설공사의 시행 전에 지표조사를 실시하지 아니하고 시행할 수 있는 건설공사임을 객관적으로 증명하여야 한다.

① 절토나 굴착으로 인하여 유물이나 유구 등을 포함하고 있는 지층이 이미 훼손된 지역에서 시행하는 건설공사

② 공유수면의 매립, 하천 또는 해지의 준설, 골재 및 광물의 채취가 이미 이루어진 지역에서 시행하는 건설공사

③ 복토된 지역으로서 복토 이전의 지형을 훼손하지 아니하는 범위에서 시행하는 건설공사

④ 기존 산림지역에서 시행하는 입목 죽의 식재, 벌채 또는 솎아베기

(5) 지표조사 절차 등

1) 지표조사는 건설공사의 시행자가 요청하여 매장문화재 조사기관이 수행한다.

2) 건설공사의 시행자는 지표조사를 마치면 그 결과에 관한 보고서(이하 지표조사 보고서)를 해당 사업지역을 관할하는 지방자치단체의 장과 문화재청장에게 제출하여야 한다.

① 지표조사 보고서의 제출 : 건설공사의 시행자는 지표조사 보고서를 그 지표조사를 마친 날부터 20일 이내에 해당 사업지역을 관할하는 지방자치단체의 장과 문화재청장에게 동시에 제출하여야 한다. 이 경우 그 지방자치단체의 장과 문화재청장은 건설공사의 시행자가 동의하면 전자파일을 추가로 제출받을 수 있다.

② 지표조사 보고서의 내용

- 해당 사업지역의 역사, 고고, 민속, 지질 및 자연 환경에 대한 문헌조사 내용
- 해당 사업지역의 유물 산포지, 유구 산포지, 민속, 고건축물(근대건축물을 포함), 지질 및 자연 환경 등에 대한 현장조사 내용
- 해당 사업지역의 지표조사를 실시한 매장문화재 조사기관의 의견

③ 의견서 제출 : 지방자치단체의 장은 다음의 사항을 검토한 후 지표조사 보고서를 제출받은 날부터 7일 이내에 문화재청장에게 의견을 제출할 수 있다.

㉠ 해당 사업지역이 매장문화재 유존지역에 해당하는지 여부

㉡ 해당 건설공사의 내용 또는 방법이 다음의 어느 하나에 해당하는지 여부

- 성토(성토 : 흙 쌓기) 또는 지하굴착을 수반하는 사업
- 「내수면어업법」제2조 제1호에 따른 연안관리법 제2조 제1호에 따른 연안에서 골재 채취를 수반하는 사업
- 수몰을 수반하는 사업
- 그 밖에 토지의 형질변경을 수반하는 사업

㉢ 그 밖에 해당 건설공사로 인하여 매장문화재 및 그 주변경관에 미치게 되는 영향

3) 지표조사에 필요한 비용은 해당 건설공사의 시행자가 부담한다.

4) 지표조사의 방법, 절차 및 지표조사 보고서 등에 관한 세부적인 사항은 문화재청장이 정하여 고시한다.

(6) 지표조사를 실시하여야 하는 시기

- 전기설비의 설치
- 전기사업용 전기설비의 공사계획 수립완료 전

12. 건축물 허가

(1) 정 의

태양광발전소를 건설하려는 사업자는 건축물의 용도 등을 정하여 건축물의 안전 · 기능 · 환경 및 미관을 향상시킴으로서 공공복리의 증진을 기하여야 한다.

(2) 허가권자

특별자치도지사 또는 시장 군수 자치구 구청장

(3) 관련 법령

- 건축법 제8조(건축허가), 제11조(건축허가 등의 수수료), 제12조(건축허가의 제한), 제16조(착공신고 등), 제18조(건축물의 사용승인), 제33조(대지와 도로의 관계)
- 같은 법 시행령 제8조(건축허가), 제9조(건축허가 등의 신청), 제17조(건축물의 사용승인), 제28조(대지와 도로와의 관계)
- 같은 법 시행규칙 제6조(건축허가신청 등), 제10조(건축허가 등의 수수료), 제14조(착공신고 등), 제16조(사용승인신청)

(4) 허가신청 시 주요 검토사항

- 건축물에 관한 입지 및 규모의 검토
- 건축물의 대지 및 도로와의 관계 검토
- 건축물의 구조 및 재료의 적정성

(5) 허가신청에 필요한 설계도서

건축계획서, 배치도, 평면도, 입면도, 단면도, 구조도, 구조안전진단서, 시방서, 실내마감도, 소방설비도, 건축설비도, 토지굴착 및 옹벽도

도서의 종류	도서의 축척	표시하여야 할 사항
건축계획서	임의	1. 개요(위치 · 대지면적 등) 2. 지역 · 지구 및 도시계획사항 3. 건축물의 규모(건축면적 · 연면적 · 높이 · 층수 등) 4. 건축물의 용도별 면적 5. 주차장 규모 6. 에너지절약계획서(해당건축물에 한한다) 7. 노인 및 장애인 등을 위한 편의시설 설치계획서(관계법령에 의하여 설치의무가 있는 경우에 한한다)
배치도	임의	1. 축척 및 방위 2. 대지에 접한 도로의 길이 및 너비 3. 대지의 종 · 횡단면도 4. 건축선 및 대지경계선으로부터 건축물까지의 거리 5. 주차동선 및 옥외주차계획 6. 공개공지 및 조경계획
평면도	임의	1. 1층 및 기준층 평면도 2. 기둥 · 벽 · 창문 등의 위치 3. 방화구획 및 방화문의 위치

		4. 복도 및 계단의 위치 5. 승강기의 위치
입면도	임의	1. 2면 이상의 입면계획 2. 외부마감재료 3. 간판의 설치계획(크기 · 위치)
단면도	임의	1. 종 · 횡단면도 2. 건축물의 높이, 각층의 높이 및 반자높이
구조도 (구조안전 확인 또는 내진설계 대상 건축물)	임의	1. 구조내력상 주요한 부분의 평면 및 단면 2. 주요부분의 상세도면 3. 구조안전확인서
구조계산서 (구조안전 확인 또는 내진설계 대상 건축물)	임의	1. 구조내력상 주요한 부분의 응력 및 단면 산정 과정 2. 내진설계의 내용(지진에 대한 안전 여부 확인 대상 건축물)
시방서	임의	1. 시방내용(국토교통부장관이 작성한 표준시방서에 없는 공법인 경우에 한한다) 2. 흙막이공법 및 도면
실내마감도	임의	벽 및 반자의 마감의 종류
소방설비도	임의	「소방시설설치유지 및 안전관리에 관한 법률」에 따라 소방관서의 장의 동의를 얻어야 하는 건축물의 해당소방 관련 설비
건축설비도	임의	냉 · 난방설비, 위생설비, 환경설비, 전기설비, 통신설비, 승강설비 등 건축설비
토지굴착 및 옹벽도	임의	1. 지하매설구조물 현황 2. 흙막이 구조(지하 2층 이상의 지하층을 설치하는 경우에 한한다) 3. 단면상세 4. 옹벽구조

(6) 허가의 제한

① 국토교통부는 국토관리를 위하여 특히 필요하다고 인정하거나 주무부장관이 국방, 문화재보존, 환경보전 또는 국민경제를 위하여 특히 필요하다고 인정하여 요청하면 허가권자의 건축허가나 허가를 받은 건축물의 착공을 제한할 수 있다.

② 시 도지사는 지역계획이나 도시 군 계획에 특히 필요하다고 인정하면 시장 군수 구청장의 건축허가나 허가를 받은 건축물의 착공을 제한할 수 있다.

③ 건축허가나 건축물의 착공을 제한하는 경우 제한기간은 2년 이내로 한다. 다만, 1회에 한하여 1년 이내의 범위에서 제한기간을 연장할 수 있다.

④ 국토교통부나 시 도지사는 건축허가나 건축물의 착공을 제한하는 경우 제한목적 기간, 대상 건축물의 용도나 대상구역의 위치 면적 경계 등을 상세하게 정하여 허가권자에게 통보하여야 하며, 통보를 받은 허가권자는 지체 없이 이를 공고하여야 한다.

⑤ 시 도지사는 시장 군수 구청장의 건축허가나 건축물의 착공을 제한한 경우 즉시 국토교통부에게 보고하여야 하며, 보고를 받은 국토교통부는 제한내용이 지나치다고 인정하면 해제를 명할 수 있다.

(7) 대지와 도로의 관계

① 건축물의 대지는 2m 이상이 도로(자동차만의 통행에 사용되는 도로는 제외)에 접하여야 한다. 다만, 다음의 어느 하나에 해당하면 예외로 한다.
- 해당 건축물의 출입에 지장이 없다고 인정되는 경우
- 건축물의 주변에 대통령령으로 정하는 공지(광장, 공원, 유원지, 그 밖에 관계법령에 따라 건축이 금지되고 공중의 통행에 지장이 없는 공지로서 허가권자가 인정한 것)가 있는 경우

② 연면적의 합계가 2천m^2(공장인 경우에는 3천m^2) 이상인 건축물(축사, 작물 재배사, 그 밖에 이와 비슷한 건축물로서 건축조례로 정하는 규모의 건축물은 제외)의 대지는 너비 6m 이상의 도로에 4m 이상 접하여야 한다.

(8) 수수료의 범위

- 설계변경의 경우에는 변경하는 부분의 면적에 따라 적용한다.

연면적합계	금 액	
200m^2 미만	단독주택	2천원7백원 이상 4천원 이하
	기타	6천7백원 이상 9천4백원 이하
200m^2 이상 1천m^2 미만	단독주택	4천원 이상 6천원 이하
	기타	1만4천원 이상 2만원 이하
1천m^2 이상 5천m^2 미만		3만4천원 이상 5만4천원 이하
5천m^2 이상 1만m^2 미만		6만8천원 이상 10만원 이하
1만m^2 이상 3만m^2 미만		13만5천원 이상 20만원 이하

3만m^2 이상 10만m^2 미만	27만원 이상 41만원 이하
10만m^2 이상 30만m^2 미만	54만원 이상 81만원 이하
30만m^2 이상	108만원 이상 162만원 이하

(9) 허가절차

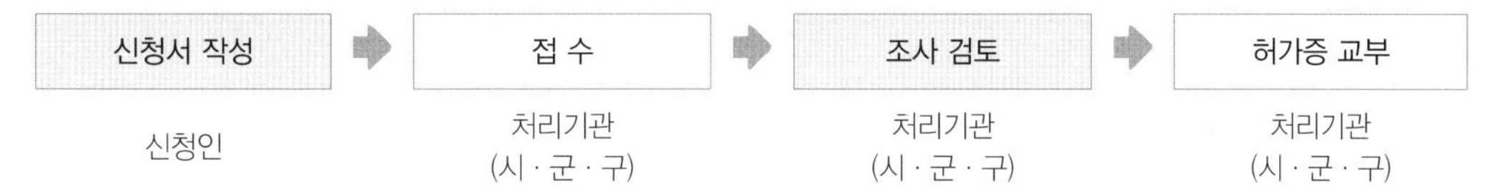

(10) 필요서류 목록

① 건축허가신청서 1부

② 건축할 대지의 범위에 관한 서류

③ 건축할 대지의 소유 또는 그 사용에 관한 권리를 증명하는 서류(다만, 건축할 대지에 포함된 국유지, 공유지에 대해서는 허가권자가 해당 토지의 관리청과 협의하여 그 관리청이 해당 토지를 건축주에게 매각하거나 양여할 것을 확인한 서류로 그 토지의 소유에 관한 권리를 증명하는 서류를 갈음할 수 있으며, 다음의 경우에는 그에 따른 서류로 함)1부

- 집합건물의 공용부분을 변경하는 경우에는 건축할 대지의 범위와 「집합건물의 소유 및 관리에 관한 법률」제15조 제1항에 따른 결의가 있었음을 증명하는 서류
- 분양을 목적으로 하는 공동주택을 건축하는 경우에는 그 대지의 소유에 관한 권리를 증명하는 서류(다만, 법 제11조에 따라 주택과 주택 외의 시설을 동일 건축물로 건축하는 건축허가를 받아 주택법 시행령 제15조 제1항에 따른 호수 또는 세대수 이상으로 건설 공급하는 경우 대지의 소유권에 관한 사항은 주택법 제16조를 준용

④ 건축법 시행규칙 제5조에 따른 사전결정서(건축법 제10조에 따라 건축에 관한 입지 및 규모의 사전결정서를 송부 받은 경우만 해당) 1부

⑤ 건축법 시행규칙 별표2의 설계도서(건축법 시행규칙 제14조 제1항 제2호 나목의 서류는 제외하며, 건축법 제10조에 따른 사전결정을 받은 경우에는 건축계획서 및 배치도는 제외. 다만, 건축법 제23조 제4항에 따른 표준설계 도서에 따라 건축하는 경우에는 건축계획서 및 배치도만 제출) 1부

⑥ 건축법 제11조 제5항 각 호에 따른 허가 등을 받거나 신고하기 위하여 해당 법령에서 제출하도록 의무화하고 있는 신청서 및 구비서류(해당 사항이 있는 경우에 한정) 1부

※ 제2호의 서류 중 토지 등기사항증명서는 제출하지 않으며, 허가권자가 전자정부법 제36조 제1항에 따른 행정정보의 공동이용을 통하여 토지 등기사항증명서를 확인하여야 한다.

건축 · 대수선 · 용도 변경허가신청서

※ 어두운 란( )은 신청인이 작성하지 아니하며, [ ]에는 해당하는 곳에 √ 표시를 합니다.

(6면 중 제1면)

허가번호(연도-기관코드-업무구분-허가일련번호)	접수일자	처리일자

건축구분	[ ] 신축	[ ] 증축	[ ] 개축	[ ] 재축	[ ] 이전	[ ] 대수선
	[ ] 허가사항 변경		[ ] 용도변경		[ ] 가설건축물 건축	

① 건축주	성명(법인명)		생년월일(사업자 또는 법인등록번호)
	주소		(전화번호:)
	전자우편 송달동의	「행정절차법」 제14조에 따라 정보통신망을 이용한 각종 부담금 부과 사전통지 등의 문서 송달에 동의합니다.	
		[ ] 동의함	[ ] 동의하지 않음
		건축주 (서명 또는 인)	
		전자우편 주소 @	

② 설계자	성명 (서명 또는 인)	자격번호
	사무소명	신고번호
	사무소주소 (전화번호:)	

③ 대지조건	대지위치	
	지번	관련지번
	지목	용도지역
	용도지구 /	용도구역 /

• 대수선의 경우에는 대수선 개요(Ⅳ)만 적되, 대수선으로 인하여 층별 개요와 동별 개요의 (주)구조가 변경되는 경우에는 변경되는 (주)구조를 동별 개요와 층별 개요에 적습니다.
• 건축구분에 관계없이 전체 건축물에 대한 개요를 적습니다.

Ⅰ. 전체 개요

대지면적 ㎡	건축면적 ㎡
건폐율 %	연면적 합계 ㎡
연면적 합계(용적률 산정용) ㎡	용적률 %

④ 건축물 명칭	주건축물수 동	부속건축물 동 ㎡
⑤ 주용도	세대/호/가구수 세대 호 가구	총 주차대수 대
주택을 포함하는 경우 세대/가구/호별 평균전용면적 ㎡		

(6면 중 제2면)

⑥ 하수처리시설		형식		용량 (인용)	
주차장	구분	옥내	옥외	인근	면제
	자주식	대 ㎡	대 ㎡	대 ㎡	대
	기계식	대 ㎡	대 ㎡	대 ㎡	
일괄처리 사항	[ ] 공사용 가설건축물 축조신고 [ ] 공작물 축조신고 [ ] 개발행위허가 [ ] 도시계획시설사업 시행자의 지정 및 실시계획인가 [ ] 산지전용허가 및 신고 [ ] 농지전용허가 · 신고 및 협의 [ ] 사도개설허가 [ ] 도로점용허가 [ ] 비관리청 도로공사시행 허가 및 도로의 연결허가 [ ] 하천점용허가 [ ] 개인하수처리시설 설치신고 [ ] 배수설비 설치신고 [ ] 상수도 공급신청 [ ] 자가용전기설비공사계획의 인가 또는 신고 [ ] 수질오염물질배출시설설치 허가 · 신고 [ ] 대기오염물질배출시설설치 허가 · 신고 [ ] 소음 · 진동배출시설설치 허가 · 신고 [ ] 가축분뇨배출시설설치 허가 · 신고 [ ] 공원구역 행위허가 [ ] 도시공원점용허가 [ ] 특정토양오염관리대상시설신고					
존치기간	년 월 일까지 (가설건축물 건축허가인 경우만 적습니다.)				
시공기간	착공일부터 년				

「건축법」 제11조 · 제16조 · 제19조 · 제20조제1항에 따라 위와 같이 허가를 신청합니다.

년 월 일

건축주 (서명 또는 인)

특별시장 · 광역시장 · 특별자치도지사, 시장 · 군수 · 구청장 귀하

(6면 중 제3면)

첨부서류	
신축, 증축, 개축, 재축, 이전, 대수선 및 가설건축물의 건축	1. 건축할 대지의 범위에 관한 서류 2. 건축할 대지의 소유 또는 그 사용에 관한 권리를 증명하는 서류. 다만, 건축할 대지에 포함된 국유지 · 공유지에 대해서는 허가권자가 해당 토지의 관리청과 협의하여 그 관리청이 해당 토지를 건축주에게 매각하거나 양여할 것을 확인한 서류로 그 토지의 소유에 관한 권리를 증명하는 서류를 갈음할 수 있으며, 다음 각 목의 경우에는 그에 따른 서류로 합니다. 가. 집합건물의 공용부분을 변경하는 경우에는 건축할 대지의 범위와 「집합건물의 소유 및 관리에 관한 법률」 제15조 제1항에 따른 결의가 있었음을 증명하는 서류 나. 분양을 목적으로 하는 공동주택을 건축하는 경우에는 그 대지의 소유에 관한 권리를 증명하는 서류. 다만, 법 제11조에 따라 주택과 주택 외의 시설을 동일 건축물로 건축하는 건축허가를 받아 「주택법 시행령」 제15조 제1항에 따른 호수 또는 세대수 이상으로 건설 · 공급하는 경우 대지의 소유권에 관한 사항은 「주택법」 제16조를 준용합니다. 3. 「건축법 시행규칙」 제5조에 따른 사전결정서(「건축법」 제10조에 따라 건축에 관한 입지 및 규모의 사전결정서를 송부받은 경우만 해당합니다) 4. 「건축법 시행규칙」 별표 2의 설계도서(「건축법 시행규칙」 제14조제1항제2호나목의 서류는 제외하며, 「건축법」 제10조에 따른 사전결정을 받은 경우에는 건축계획서 및 배치도는 제외합니다). 다만, 「건축법」 제23조 제4항에 따른 표준설계도서에 따라 건축하는 경우에는 건축계획서 및 배치도만 제출합니다. 5. 「건축법」 제11조 제5항 각 호에 따른 허가 등을 받거나 신고하기 위하여 해당 법령에서 제출하도록 의무화하고 있는 신청서 및 구비서류(해당 사항이 있는 경우에 한정합니다) ※ 제2호의 서류 중 토지 등기사항증명서는 제출하지 않으며, 허가권자가 「전자정부법」 제36조 제1항에 따른 행정정보의 공동이용을 통하여 토지 등기사항증명서를 확인하여야 합니다.
허가사항변경	• 변경하려는 부분에 대한 변경 전 · 후의 설계도서
용도변경	1. 용도를 변경하려는 층의 변경 전 · 후의 평면도 2. 용도변경에 따라 변경되는 내화 · 방화 · 피난 또는 건축설비에 관한 사항을 표시한 도서

허가안내			
제출하는 곳	특별시 · 광역시 · 특별자치도, 시 · 군 · 구	처리부서	건축허가부서
수수료	「건축법 시행규칙」 별표 4 참조	처리기간	특별시 · 광역시 40~50일 특별자치도 · 시 · 군 · 구 2~15일 (도지사 사전승인대상 : 70일)

근거법규	
「건축법」 제11조제1항	• 건축물을 건축 또는 대수선하려는 자는 특별자치도지사 · 시장 · 군수 · 구청장의 허가를 받아야 합니다. 다만, 「건축법」 제14조 제1항 및 같은 법 시행령 제11조 제2항에 해당하는 경우에는 미리 특별자치도지사 · 시장 · 군수 · 구청장에게 같은 법 시행규칙 제12조에 따라 신고하면 건축허가를 받은 것으로 봅니다. • 층수가 21층 이상이거나 연면적의 합계가 10만 제곱미터 이상인 건축물(공장, 창고 및 「건축법 시행령」 제5조의5제1항 제4호 각 목 외의 부분 후단에 따라 지방건축위원회의 심의를 거친 건축물은 제외합니다)의 건축(연면적의 10분의3 이상을 증축하여 층수가 21층 이상으로 되거나 연면적의 합계가 10만 제곱미터 이상으로 되는 경우를 포함합니다)을 특별시 또는 광역시에 건축하려면 특별시장 또는 광역시장의 허가를 받아야 합니다.
「건축법」 제16조제1항	• 허가받은 사항을 변경하려는 행위
「건축법」 제19조제1항	• 용도변경(상위군으로의 용도변경을 말합니다)
「건축법」 제20조제1항	• 도시계획시설 또는 도시계획시설예정지에 가설건축물을 건축하려는 행위

유의사항	
「건축법」 제80조, 제108조, 제110조	1. 도시지역에서 허가를 받지 않고 건축물을 건축 · 대수선 또는 용도변경하는 경우에는 3년이하의 징역 또는 5천만원이하의 벌금에 처하게 되며, 위반건축물은 위반사항이 시정될 때까지 연 2회이내의 이행강제금이 부과됩니다. 2. 도시지역 밖에서 허가를 받지 않고 건축물을 건축 · 대수선 또는 용도변경하는 경우, 허가받은 사항을 허가 없이 변경하는 경우, 허가받지 않고 가설건축물을 건축하는 경우에는 2년이하의 징역 또는 1천만원이하의 벌금에 처하게 되며, 위반건축물은 위반사항이 시정될 때까지 연 2회이내의 이행강제금이 부과됩니다.

착공신고서

※ 어두운 란( )은 신고인이 작성하지 아니하며, [ ]에는 해당하는 곳에 √ 표시를 합니다.

(2면중 제1면)

접수번호	접수일자	처리일자	처리기간 1일

신고인	건축주
	전화번호
	주소

대지위치	지번
허가(신고)번호	허가(신고)일자
착공예정일자	

① 설계자	성명 (서명 또는 인)	자격번호
	사무소명	신고번호
	사무소주소 (전화번호:)	
	도급계약일자	도급금액 원

② 공사시공자	성명 (서명 또는 인)	도급계약일자
	회사명	도급금액 원
	생년월일(법인등록번호)	면허번호
	주소 (전화번호:)	

③ 공사감리자	성명 (서명 또는 인)	자격번호
	사무소명	신고번호
	사무소주소 (전화번호:)	
	도급계약일자	도급금액 원

④ 건축물 석면 함유 유무	[ ] 천장재	[ ] 단열재	[ ] 지붕재
	[ ] 보온재	[ ] 기타	[ ] 해당 없음

⑤ 관계 전문기술자	분 야	자격증	자격번호	주 소
	((서명 또는 인))			
	((서명 또는 인))			
	((서명 또는 인))			
	((서명 또는 인))			

(2면중 제2면)

「건축법」 제21조 제1항에 따라 위와 같이 착공신고서를 제출합니다.

년 월 일

신고인(건축주) (서명 또는 인)

특별시장 · 광역시장 · 특별자치도지사, 시장 · 군수 · 구청장 귀하

신고안내		
첨부서류	1. 「건축법」 제15조에 따른 건축관계자 상호간의 계약서 사본(해당 사항이 있는 경우로 한정합니다) 2. 「건축법 시행규칙」 별표 2의 설계도서 중 다음 각 목의 도서 가. 시방서, 실내마감도, 건축설비도, 토지굴착 및 옹벽도(공장인 경우만 해당합니다) 나. 토지굴착 및 옹벽도 중 흙막이 구조도면(「건축법」 제14조제1항에 따라 신고를 하여야 하는 건축물로서 지하 2층 이상의 지하층을 설치하는 경우만 해당합니다) 3. 「산업안전보건법」 제38조의2 제2항에 따른 기관석면조사결과 사본(착공신고 대상 건축물 중 「산업안전보건법」 제38조의2 제2항에 따른 기관석면조사 대상 건축물인 경우만 해당합니다)	수수료 없음

근거법규	
「건축법」 제21조제1항	• 「건축법」 제11조 · 제14조 및 제20조 제1항에 따라 허가를 받거나 신고를 한 건축물의 공사를 착수하고자 하는 경우에는 허가권자에게 신고하여야 합니다.

유의사항	
「건축법」 제11조제7항 · 제111조제1호	1. 허가를 받은 날 또는 신고를 한 날부터 1년 이내에 공사에 착수하지 않으면 허가가 취소됩니다. 다만, 허가권자가 정당한 이유가 있다고 인정하는 경우에는 1년의 범위에서 그 공사의 착수기간을 연장할 수 있습니다. 2. 착공신고를 하지 않고 공사에 착수하면 200만원 이하의 벌금에 처하여 집니다.

작성방법

1. ①~③:여러 명인 경우 ○○○ 외 ○명으로 적으며, "외 ○명"의 현황도 제출합니다.
2. ⑤:「건축법」 제67조에 따라 대지의 안전, 건축물의 구조상 안전, 건축설비의 설치 등에 대한 협력을 받은 관계 전문기술자를 적습니다.

처리절차

신고서 작성	⇨	접 수	⇨	검 토	⇨	결 재	⇨	신고필증 작성	⇨	발 급
신고인		특별시 · 광역시 · 특별자치도, 시 · 군 · 구 건축허가(신고)부서								신고인

(임시)사용승인 신청서

※ 어두운 란(▒)은 신고인이 작성하지 아니하며, [ ]에는 해당하는 곳에 √ 표시를 합니다.

(8면 중 제1면)

접수번호	접수일자	처리일자	처리기간 일

신청구분	사용승인	[ ] 전체 [ ] 일부	가설건축물 존치기간	년 월 일까지
	임시사용승인	[ ] 전체 [ ] 일부	임시사용 신청기간	년 월 일까지
허가(신고)번호			① 공사 착공일	년 월 일까지

신청인 (건축주)	성명	(전화번호:)
	주소	
등기촉탁 희망여부	[ ] 희망함	[ ] 희망하지 않음
	등기촉탁을 희망하는 경우 「건축물대장의 기재 및 관리 등에 관한 규칙」 제26조에서 정하는 바에 따라 특별자치도지사 또는 시장 · 군수 · 구청장이 관할 등기소에 등기촉탁을 할 수 있습니다.	
대지조건	대지위치	
	지번	용도지역
	용도지구	용도구역

「건축법」 제22조 및 같은 법 시행규칙 제16조 · 제17조에 따라 위와 같이 (임시)사용승인신청서를 제출합니다.

년 월 일

신청인 (서명 또는 인)

특별시장 · 광역시장 · 특별자치도지사, 시장 · 군수 · 구청장 귀하

- 임시사용승인 · 사용승인(일부) · 대수선 행위에 대한 사용승인을 신청하는 경우 Ⅰ.전체개요는 적지 아니하여도 됩니다.
- 사용승인신청서의 건축주 명의는 건축물대장상의 최초 소유자란에 적게 되어 소유권 등기 시 소유자 확인의 근거가 되므로 건축주를 변경할 사유가 있으면 사용승인 신청 전에 건축주 명의변경 신고를 하시기 바랍니다.

Ⅰ. 전체 개요

대지면적	㎡	건축면적	㎡
건폐율	%	연면적 합계	㎡
연면적 합계(용적률 산정용)	㎡	용적률	%

② 건축물 명칭	주건축물수	동	부속건축물	동, ㎡
③ 주용도	세대/호/가구수	세대 호 가구	총주차대수	대
주택을 포함하는 경우 세대/호/가구별 평균전용면적				㎡

④ 하수처리시설	형식	용량 (인용)

13. 공작물 축조 신고

(1) 정 의

일정한 공작물은 설치 전에 그 축조에 대하여 건축법에 따라 신고를 하여야 한다.

(2) 신고기관

특별자치도지사 또는 시장 군수 자치구 구청장

(3) 관련 법령

- 건축법 제83조(옹벽 등의 공작물에서의 준용)
- 같은 법 시행령 제18조(옹벽 등의 공작물에서의 준용)
- 같은 법 시행규칙 제41조(공작물 축조 신고)

(4) 신고대상 공작물

- 높이 6m를 넘는 굴뚝
- 높이 6m를 넘는 장식탑 · 기념탑 기타 이와 비슷한 것
- 높이 4m를 넘는 광고탑 · 광고판 기타 이와 비슷한 것
- 높이 8m를 넘는 고가수조 기타 이와 비슷한 것
- 높이 2m를 넘는 옹벽 또는 담장
- 바닥면적 30㎡를 넘는 지하대피호
- 높이 6m를 넘는 골프연습장 등의 운동시설을 위한 철탑, 주거지역 및 상업지역에 설치하는 통신용 철탑, 그 밖에 이와 유사한 것
- 높이 8m(위험을 방지를 위한 난간의 높이를 제외) 이하의 기계식 주차장 및 철골 조립식 주차장(바닥면이 조립식이 아닌 것을 포함)으로서 외벽이 없는 것
- 건축조례가 정하는 제조시설 · 저장시설(시멘트사일로를 포함), 유희시설 기타 이와 유사한 것
- 건축물의 구조에 심대한 영향을 줄 수 있는 중량물로서 건축조례로 정하는 것

(5) 신고절차

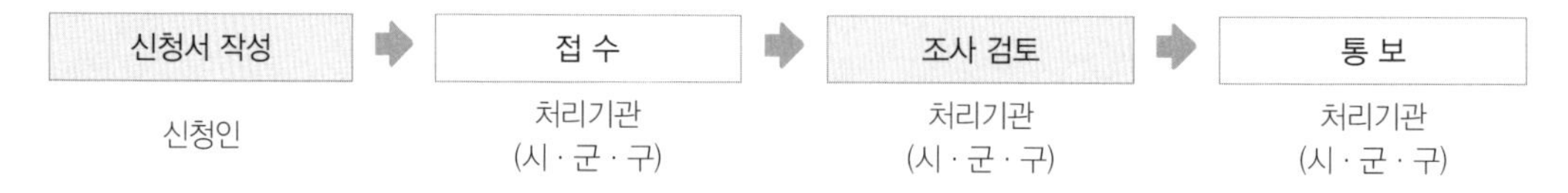

(6) 필요서류 목록

- 공작물축조신고서 1부
- 공작물 등의 배치도 1부
- 공작물 등의 구조도 1부

공작물축조신고서

※ 어두운 란( )은 신고인이 작성하지 아니하며,
※ 설계자 · 공사시공자란은 해당사항이 있는 경우에만 작성합니다.

신고번호(연도-기관코드-업무구분-신고일련번호)	접수일자	처리일자	처리기간 일

구분		
건축주	성명	생년월일(사업자 또는 법인등록번호)
	주소	(전화번호:)
대지조건	대지위치	지역
	지번	지구
	지목	구역
※ 설계자	성명	자격번호
	사무소명	신고번호
	주소	
※ 공사시공자	성명	생년월일(사업자 또는 법인등록번호)
	회사명	면허번호
	주소	

축조할 공작물의 종류 (「건축법 시행령」 제118조제1항)

• 굴뚝, 장식탑, 기념탑, 광고탑, 광고판, 고가수조, 옹벽, 담장, 지하대피호, 골프연습장 철탑, 통신용 철탑, 기계식 주차장, 철골조립식 주차장, 기타 건축조례로 정한 공작물

종류	구조	높이(m)	길이(m)	면적(㎡)	건폐율(%)

「건축법」 제83조 및 같은 법 시행규칙 제41조에 따라 위와 같이 공작물축조신고서를 제출합니다.

년 월 일

건축주 (서명 또는 인)

특별자치도지사, 시장 · 군수 · 구청장 귀하

신고안내			
첨부서류	1. 배치도 1부 2. 구조도 1부	수수료	원
제출하는 곳	특별자치도, 시 · 군 · 구	처리부서	건축허가(신고)부서

유의사항	
「건축법」 제110조	• 신고를 하지 아니하고 공작물을 축조한 자는 2년 이하의 징역 또는 1천만원 이하의 벌금에 처하여 집니다.

14. 송전용 전기설비 이용 신청(한국전력공사)

(1) 목 적

전력의 안정적 공급을 위해 발전소가 건설될 지역의 송 · 변전 설비의 용량 등 공급신뢰도 및 안정적인 발전력 공급, 계통운용의 효율성이 고려된 한전의 송전용 전기설비의 이용 가능여부를 검토한다.

(2) 관련기관

한국전력공사

(3) 관련법령 및 규정

- 전기사업법 제15조(송전 배전용전기설비의 이용요금 등)
- 전기사업법 시행령 제6조(송전 배선용 전기설비의 이용요금 등에 대한 인가기준)
- 전기사업법 시행규칙 제14조(송전 배전용전기설비의 이용요금 및 이용조건의 내용)
- 송 배전용 전기설비 이용규정(한국전력공사)

(4) 검토기준

송전용 전기설비 이용을 위한 기술조건을 만족하여야 한다. 세부기술기준은 "송 배전용 전기설비 이용규정" 별표6(신재생발전기 계통연계기준), 별표7(일반접속조건) 및 별표8(발전접속조건)

(5) 필요서류 목록

송전용 전기설비 이용신청서 및 첨부서류

[송전용 전기설비 신규이용신청서 작성 요령]

① 사업자명 : 전기사업허가증 혹은 사업자등록증에 기재된 사업자명
② 대표자명 : 이용신청법인 대표자
③ 주소 : 이용신청법인의 본사 주소
④ 업무담당부서 : 이용신청 관련 업무담당 부서
⑤ 전화번호 : 이용신청 관련 업무담당자의 전화번호
⑥ 담당자명 : 이용신청 관련 업무담당자의 성명
⑦ 전자우편주소 : 이용신청 관련 업무담당자의 전자우편주소

⑧ 사업허가사항

㉮ 전기사업자 : 이용신청의 대상이 되는 전기설비와 관련하여 전기사업법 제7조(사업의 허가)의 규정에 따라 취득한 전기사업 허가번호(해당 전기설비가 전기사업법 제25조 및 동법시행령 제15조에 따라 수립된 전력수급기본계획에 반영된 경우 산업통상자원부 공고번호 기입 가능)

㉯ 전기사업자 이외의 이용신청자 : 사업자 등록번호

⑨ 이용장소 : 고객의 전기설비가 설치되어 있는 장소의 행정구역상 지번

⑩ 이용신청전력 : 고객이 한전의 송전망을 이용하여 송전 또는 수전하고자 하는 전력의 최대치(kW)

⑪ 최종이용전력 : 고객이 향후 고객의 설비증설계획에 따라 동일 이용장소에서 최종적으로 한전의 송전망을 이용하여 송전 또는 수전하고자 계획하고 있는 전력의 최대치(kW)

⑫ 접속설비건설(희망)규모 : 고객이 고객의 부담으로 건설을 희망하는 접속설비의 용량(kW)으로 이용신청전력 또는 최종이용전력 중 택일

⑬ 희망연계점 : 희망하는 연계점으로 한전 소유 기설 송전용 전기설비(변전소명 혹은 발전소 스위치야드)

⑭ 희망접속전압 : 접속을 희망하는 전압(22.9kV, 154kV, 345kV, 765kV)

⑮ 선종, 회선수 : 이용자가 희망하는 송전선로의 선종, 규격 및 회선수

예 ACSR 410㎟×2B 2회선, XLPE 2000㎟ 1회선

⑯ 이용개시(희망)일 : 고객이 이용개시를 희망하는 날짜(년 월 일)

※ 첨부1의 사업추진계획서 : 설비규모, 사업추진일정, 설비건설공정, 설비배치도, 구내 단선결선도를 말함

※ 첨부4의 보완공급계약서 사본 : 이용신청 전에 한전과 체결한 보완공급계약서의 사본을 말함(이용규정 제24조의 구역전기사업자에 한함)

※ 첨부5의 사업허가증 사본 : 이용신청의 대상이 되는 전기설비와 관련하여 전기사업법 제7조(사업의 허가)의 규정에 따라 취득한 전기사업 허가증 사본을 말함(22.9kV를 초과하는 전압으로 이용신청을 하는 고객은 이용계약 체결 시에 제출할 수 있으며, 해당 전기사업이 전력수급기본계획에 반영된 경우 한전과 협의하여 제출시기 연장 가능)

15. 발전회사 등록(한국전력거래소)

(1) 정 의

민간 발전사업자가 발전사업 추진에 있어 국내 전력계통에 전력을 공급하는데 필요한 기술적 · 행정적 사항을 전력시장 운영기관인 전력거래소와 협의할 수 있는 창구를 마련하기 위해 발전회사 등록을 한다.

(2) 등록기관

한국전력거래소

(3) 관련법령 및 규정

- 전기사업법 제31조(전력거래)
- 같은 법 시행령 제19조(전력거래)
- 전력시장운영규칙(한국전력거래소)

(4) 등록의무

- 발전사업자 및 전기판매사업자는 전력시장운영규칙으로 정하는 바에 따라 전력시장에서 전력거래를 하여야 한다.
- 전력시장에서 전력거래를 하고자 하는 자(이하 전력거래자)는 전력거래소에 자격 및 설비에 대한 등록을 하여야 한다.

(5) 등록조건

- 전기(발전)사업 허가를 득할 것
- 전력시장운영규칙상의 기술기준을 만족할 것
- 회원가입비 및 연회비 납부

(6) 등록신청

① 전력거래자의 등록을 하고자 하는 자는 등록 신청서류를 갖추어 전력거래 개시 6개월 전 까지 전력거래소에 전력거래자의 등록을 신청하여야 한다.

② 발전기의 등록을 하고자 하는 자는 등록 신청서류를 갖추어 전력거래 개시 6개월 전까지 전력거래소에 발전기의 등록을 신청하여야 한다.

③ 전력거래소 회원은 연회비와 등록비를 전력거래소에 납부하여야 하며, 연회비는 전력거래소 회원의 자격이 유효한 기간 동안 매년 납부하여야 한다.

(7) 필요서류 목록

- 등록신청서 1부
- 발전사업허가증 사본(자가용전기설비 설치자는 자가용전기설비공사 계획인가서 또는 신고서 사본)
- 사업자등록증 사본 1부
- 시장은행 통장 및 사용 인감증명서(인감 이미지 파일 포함) 1부

□ 발전사업자
□ 집단에너지사업자
□ 자가용전기설비설치자

전력거래자 등록신청서

신청인	상 호(명칭)			
	대 표 자 명		전화번호	
	주 소(본사)			
	사업자등록번호			
발 전 설 비		소 재 지		
		설비용량	kW	

전력시장운영규칙 제1.2.2조 제1항의 규정에 따라 전력거래자의 등록을 위와 같이 신청합니다.

년 월 일

신청인(대표자) (인)

한국전력거래소 이사장 귀하

16. 사업용 전기설비의 사용 전 검사(한국전기안전공사)

(1) 정 의

전기설비의 설치 또는 변경공사 시 전기설비의 설치상태가 기술기준에 적합한지의 여부를 검사하여 안정적인 전력공급을 보장하기 위하여 사용 전 검사를 한다.

(2) 검사기관

한국전기안전공사

(3) 관련 법령

- 전기사업법 제63조(사용 전 검사)
- 같은 법 시행규칙 제28조(인가 및 신고를 하여야 하는 공사계획), 제31조(사용 전 검사의 대상 기준 및 절차 등)

(4) 검사 기준

전기설비 기술기준 및 검사기준에 적합 유무

※ 합격, 부분합격, 임시사용, 불합격으로 구분하여 판정

(5) 신청 절차

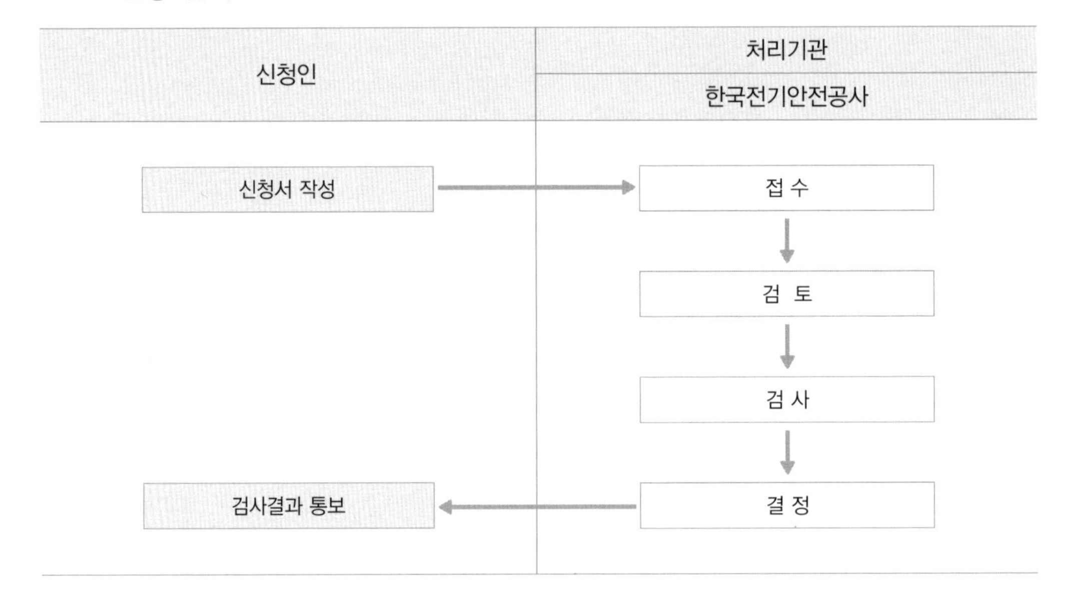

(6) 필요서류 목록

① 사용 전 검사 신청서 1부

② 공사계획인가서 또는 신고수리서 사본(저압 자가용 전기설비의 경우는 제외) 1부

③ 전력기술관리법 제2조 제3호에 따른 설계도서 및 전력기술관리법 제12조의2 제4항에 따른 감리원 배치확인서(저압 자가용 전기설비의 설치공사인 경우만 해당하며, 저압 자가용 전기설비의 증설 변경공사의 경우는 제외) 1부

④ 자체감리를 확인할 수 있는 서류(전기안전관리자가 자체감리를 하는 경우만 해당) 1부

⑤ 전기안전관리자 선임신고증명서 사본 1부

(7) 태양광발전소 설치공사 사용 전 검사 수수료

(단위 : 원)

구 분	기본료	kW당 요금	
20kW 까지	78,000	20kW 까지	280
100kW 까지	85,000	100kW 까지	192
100kW 초과	283,000	100kW 초과	105

사용전 검사 신청서

※ 바탕색이 어두운 난은 신청인이 작성하지 않습니다. (앞 쪽)

접수번호		접수일자		처리기간
신청인	대표자 성명		전화번호	
	회사명 또는 상호		사업자등록번호	
	주소			
시공자	대표자 성명 (인)		전화번호	
	회사명 또는 상호		전기공사업 등록번호	제 호
	주소			
검사받을 전기설비에 관한 사업장 명칭 및 소재지				
전 기 설 비 개 요				
검사받을 공사공정				
검사희망연월일	년 월 일			
사용개시예정연월일	년 월 일			

「전기사업법」 제63조와 같은 법 시행규칙 제31조제5항에 따라 위와 같이 사용전 검사를 신청합니다.

년 월 일

신 청 인 (서명 또는 인)

한국전기안전공사사장 귀하

첨부서류		수수료
첨부서류	1. 공사계획인가서 또는 신고수리서 사본(저압 자가용 전기설비의 경우는 제외합니다) 2. 「전력기술관리법」 제2조 제3호에 따른 설계도서 및 「전력기술관리법」 제12조의2 제4항에 따른 감리원 배치확인서(저압 자가용 전기설비의 설치공사인 경우만 해당하며, 저압 자가용 전기설비의 증설 · 변경공사의 경우는 제외합니다) 3. 자체감리를 확인할 수 있는 서류(전기안전관리자가 자체감리를 하는 경우만 해당합니다) 4. 전기안전관리자 선임신고증명서 사본 1부	수수료 「전기사업법」 제97조에 따라 산업통상자원부령으로 정하는 금액

작성방법
전기설비 개요란에는 전기설비의 종류 및 용량을 적습니다.

PART 1 태양광발전시스템 기획 실·전·기·출·문·제

2013 태양광기능사

01. 태양광 모듈의 크기가 가로 0.53m, 세로 1.19m이며, 최대출력 80W인 이 모듈의 에너지 변환효율(%)은?

① 15.68%　　② 14.25%　　③ 13.65%　　④ 12.68%

정답 ④

$\varepsilon = P/A$

$= 80/(0.53 \times 1.19) \times 100$

$= 12.68\%$

2013 태양광기사

02. 태양광발전시스템의 설계에 있어서 태양전지 어레이의 레이아웃 배치검토에 필요한 자료가 아닌 것은?

① 설치예정지의 면적, 토지의 굴곡상태의 데이터
② 설치예정지의 위도경도에 다른 동지 날의 해 그림자 거리
③ 사용 예정인 태양전지 모듈 및 인버터의 카탈로그
④ 태양 전지 어레이의 가대에 대한 구조계산서

정답 ④

태양 전지 어레이의 가대에 대한 구조계산서는 태양광발전시스템의 설계에 있어서 태양전지 어레이의 레이아웃 배치검토에 필요한 자료가 아니다.

2013 태양광기능사

03. 법에 따라 해당하는 자의 장 또는 대표자가 해당하는 건축물을 신축·증축 또는 개축하려는 경우에는 신·재생에너지 설비의 설치계획서를 해당 건축물에 대한 건축허가를 신청하기 전에 누구에게 제출하여야 하는가?

① 산업통상자원부장관 ② 안전행정부장관
③ 국토교통부장관 ④ 기획재정부장관

정답 ①

법에 따라 해당하는 자의 장 또는 대표자가 해당하는 건축물을 신축·증축 또는 개축하려는 경우에는 신·재생에너지 설비의 설치계획서를 해당 건축물에 대한 건축허가를 신청하기 전에 산업통상자원부장관에게 제출하여야한다.

2013 태양광기사

04. 태양광발전사업을 하고자 하는 경우 일반적으로 경제성분석평가를 실시하는 데 경제성 분석기준으로 옳지 않은 것은?

① 순현가 ② 할인율 ③ 비용 편익비 ④ 내부 수익률

정답 ②

태양광발전사업의 경제성 분석기준
① 비용편익비분석법 ② 내부수익률법 ③ 순현재가치법 ④ 원가분석법
할인율이란 미래시점의 금전에 대한 현시점의 금전에 대한 비율이다.

2013 태양광산업기사

05. 케이블의 방화구획 관통부 처리에서 불필요한 것은?

① 난연성 ② 내열성 ③ 내화구조 ④ 단열구조

정답 ④

케이블의 방화구획 관통부는 그 틈을 메꾸어야 하며, 관통부는 난연성, 내열성, 내화성 등의 시험을 실시한다.

2013 태양광기사

06. 태양광발전 사업허가 신청서에 포함되는 필요서류 목록이 아닌 것은?(단, 3000kW 미만인 경우이다.)

① 전기사업법 시행규칙에 따른 사업계획서
② 송전관계 일람도 및 발전원가 명세서
③ 전력계통의 조류 계산서
④ 발전설비 운영을 위한 기술인력 확보계획을 기재한 서류

정답 ③

태양광발전 사업허가 신청서에 포함되는 필요서류 목록

1) 3,000kW 이하(발전설비용량이 200kW 이하인 발전사업은 제외)
① 전기사업허가신청서(전기사업법 시행규칙 별지 제1호 서식) 1부
② 전기사업법 시행규칙 별표1의 요령에 의한 사업계획서 1부
③ 발전사업 또는 구역전기사업의 허가를 신청하는 경우에는 송전관계 일람도 1부
④ 발전사업 또는 구역전기사업의 허가를 신청하는 경우에는 발전원가 명세서 1부

2) 3,000kW 초과
① 전기사업허가신청서(전기사업법 시행규칙 별지 제1호 서식) 1부
② 전기사업법시행규칙 별표 제1의 사업계획서 작성요령에 따라 작성한 사업계획서 1부
③ 사업개시 후 5년 동안의 연도별 예상사업 손익산출서 1부
④ 배전사업의 허가를 신청하는 경우에는 사업구역의 경계를 명시한 1/50,000 지형도 1부
⑤ 구역전기사업의 허가를 신청하는 경우에는 특정한 공급구역의 위치 및 경계를 명시한 1/50,000 지형도 1부
⑥ 발전사업 또는 구역전기사업의 허가를 신청하는 경우에는 발전원가명세서 1부
⑦ 신용평가 의견서(신용정보의 이용 및 보호에 관한 법률 제2조 제4호에 따른 신용정보업자가 거래신뢰도를 평가한 것을 말함) 및 소요 조달계획서 1부
⑧ 전기설비의 운영을 위한 기술인력의 확보계획을 적은 서류 1부
⑨ 신청인이 법인인 경우에는 그 정관 및 직전 사업년도 말의 대차대조표, 손익계산서 1부
⑩ 신청인이 설립중인 법인인 경우에는 그 정관 1부

2013 태양광산업기사

07. 간선의 굵기를 산정하는데 결정요소가 아닌 것은?

① 불평형 전류 ② 허용전류 ③ 전압강하 ④ 고조파

정답 ①

간선의 굵기를 산정하는데 결정요소는 허용전류, 전압강하, 기계적 강도를 고려하여 산정한다.

PART 2
태양광발전시스템 설계

1 태양광발전 개요

1. 태양광발전시스템 설계

(1) 태양광발전시스템 설계 정의

태양광발전시스템 설계는 설계자의 기술력과 의식에 따라서 똑같은 돈을 들여 설치한 시설일지라도 출력효율과 경제성을 갖는 시스템을 만들 수 있고, 최소의 효율을 갖은 태양광발전시스템을 설계할 수 있다. 태양광발전은 설계자의 의도에 따라서 효율을 최고 25%까지 향상시킬 수 있다. 추적식을 사용하고 최고효율의 인버터와 모듈을 사용한들 서로 매칭이 잘 되지 않으면 좋은 시스템이 나올 수 없다. 따라서 태양광발전을 설치하는 목적이 무엇인지가 잘 파악하여 출력효율을 향상시키고 경제성을 갖는 설계가 이루어져야 한다.

(2) 태양광발전시스템 설계·계획 순서

1) 설치대상 및 용도의 산정

① 설치대상이 단독주택인지 부락용 전원인지 아니면 특정부하의 전원공급인지 중앙집중식으로 할 것인지 등을 결정한다.

② 발전의 용도가 자체적으로 사용할 것인지 아니면 상업계통과 연계하여 생산된 전력을 판매할 것인가를 산정한다.

③ 발전한 전력은 무엇에 사용할 것인가 또는 얼마만큼 사용할 것인가를 조사한다.

2) 부하의 특성파악 및 부하량의 산정

① 사용부하는 직류인지 또는 교류인지를 조사한다. 인버터를 선정하는데 중요한 자료가 된다.

② 일일 시간대별, 계절별 사용패턴을 조사하여 부하량을 산정한다.

3) 시스템 형식의 선정

① 시스템 형식을 독립형 시스템으로 할 것인지 계통연계형 시스템으로 할 것인지를 결정한다.

② 독립형 시스템인 경우에는 보조발전설비인 축전지의 종류, 용량, 수량 및 축전

지 충방전 조절장치인 충전조절기 용량 등을 결정한다.

③ 계통연계형 시스템인 경우에는 시스템의 용량에 따라 전력 연계점의 방식을 결정한다.

- 소용량인 경우에는 전기실의 저압배전반과 연계한다.
- 발전용량이 100kWp 이하인 경우에는 발전사업용으로 저압 전신주를 사용한다.
- 발전용량이 100kWp 이상인 경우에는 발전사업용으로 22,900V 특고압선로로 연계점을 사용한다.

그림 2-1 태양광발전시스템 설계·계획 순서

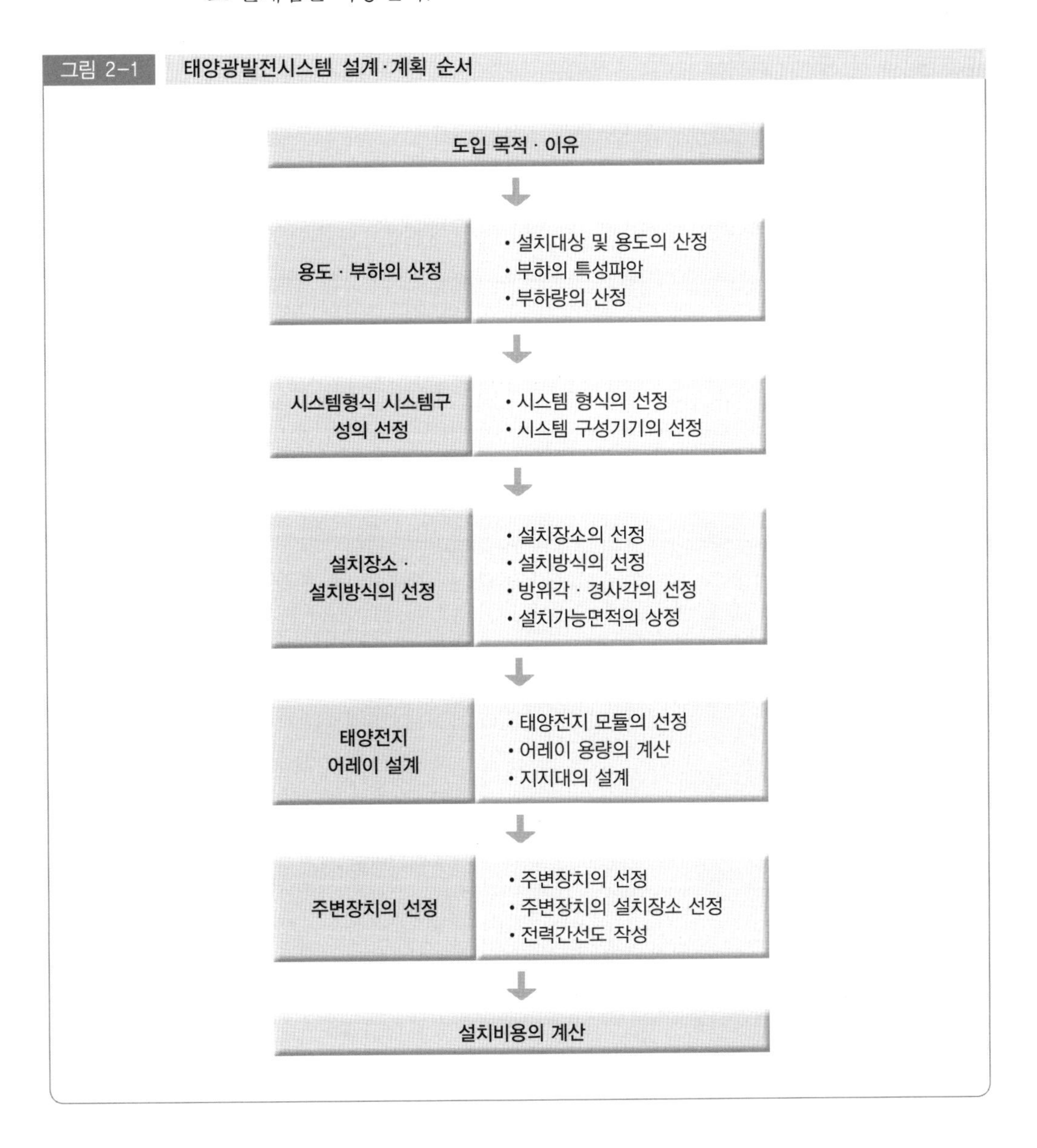

(3) 시스템 설계 방향

① 적합성 : 태양광설비에 의한 온실가스 저감과 경제성 또는 수익성을 추구한다.

② 안정성 : 설비내 사람과 재산에 대한 안정성을 고려한다.

③ 관리성 : 적합성과 안전성에 의해 반영되지만, 시스템의 선정에 있어서는 사용자 입장에서 설비를 생각하고 관리에 편리하도록 하여야 한다.

④ 경제성 : 경제성은 설치까지의 비용인 설비비, 그리고 관리, 유지, 보수에 따른 운전비와 전력생산에 따른 수익 또는 에너지 비용절감이 중요요소이다

(4) 태양광발전시스템 설계 시 고려사항

표 2-1 태양광발전시스템 설계 시 고려사항

구 분	일반적 측면	기술적 측면
설치위치 결정	• 양호한 일사조건	• 태양 고도별 비 음영지역 선정
설치방법의 결정	• 설치의 차별화 • 건물과의 통합성	• 태양광 발전과 건물과의 통합수준 • 유지보수의 적절성
디자인 결정	• 조화로움 • 실용성 • 혁신성 • 실현가능성 설계의 유연성	• 경사각, 방위각의 결정 • 건축물과의 결합방법 결정 • 구조 안정성 판단 • 시공방법
태양전지 모듈의 선정	• 시장성 • 제작가능성	• 설치형태에 적합한 모듈 선정 • 건자재로서의 적합성 여부
설치면적 및 시스템 용량 결정	• 건축물과 모듈 크기	• 모듈크기에 따른 설치면적 결정 • 어레이 구성방안 고려
사업비의 적정성	• 경제성	• 건축재 활용으로 인한 설치비의 최소화
시스템 구성	• 최적시스템 구성 • 실시설계 • 사후관리 • 복합시스템 구성방안	• 성능과 효율 • 어레이 구성 및 결선방법 결정 • 계통연계 방안 및 효율적 전력공급 방안 • 발전량 시뮬레이션 • 모니터링 방안
구성요소별 설계	• 최대발전 보장 • 기능성 • 보호성	• 최대발전 추종제어(MPPT) • 역전류 방지 • 단독운전 방지 • 최소 전압강하 • 내외부 설치에 따른 보호기능

1) 태양광발전시스템 설계 시 사전 점검사항

① 설치하는 건축물의 형태 조사

② 설치가능면적

③ 지붕에 설치 시 설치방향을 고려한 지붕의 면적

④ 굴뚝, 안테나, 전기 전화 케이블 등 가공선로

⑤ 설치위치 부근의 대략적인 건물높이

⑥ 기타 음영발생요인의 조사

⑦ 접속함, 차단시설, 인버터, 전기실 등의 설치를 위한 공간

2) 태양광발전시스템 설계 시 중요 고려사항

① 일사량

양호한 일사조건을 갖는 태양고도별 비 음영지역을 선정해야 한다.

② 방위각

방위각은 일반적으로는 태양전지의 발전전력량이 최대가 되는 남향, 경사각은 태양전지의 발전전력량이 최대로 되는 연간 최적 경사각으로 하는 것이 바람직하다.

③ 음영

음영부분은 약 5~10% 정도의 효율에 영향을 끼치므로 음영의 발생이 없는 곳에 설치해야 한다.

음영은 아래와 같이 분류할 수 있다.

㉠ 일시적이고 간헐적인 음영

새의 배설물 및 황사에 의한 오염, 가을의 낙엽, 겨울의 눈 등에 의한 음영을 말한다.

그림 2-2 반복적인 음영

㉡ 반복적인 음영

지붕 및 건물전면의 돌출부, 나무, 건물의 굴뚝, 안테나, 피뢰침, 위성안테나, 송 · 수전 전주, 송전철탑, 보안등 등에 의한 음영을 말한다.

㉢ 자체 음영

모듈 및 어레이 상호간의 음영을 말한다.

(5) 태양광발전시스템 설계 시 성능

1) 태양광발전시스템 설계 시 성능분석 관계

그림 2-3 설치장소에 따른 그늘

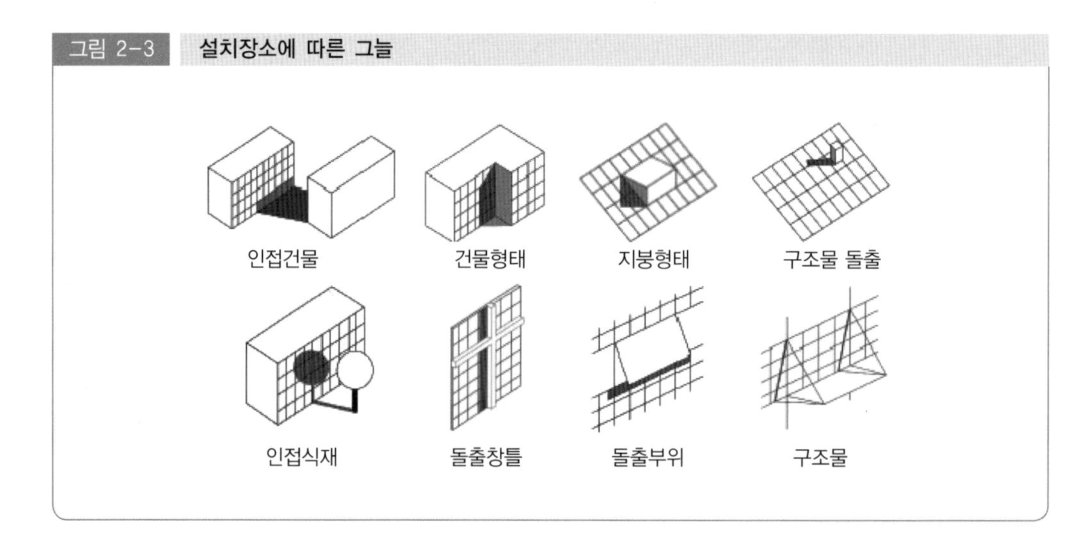

그림 2-4 PV시스템 성능분석 관계

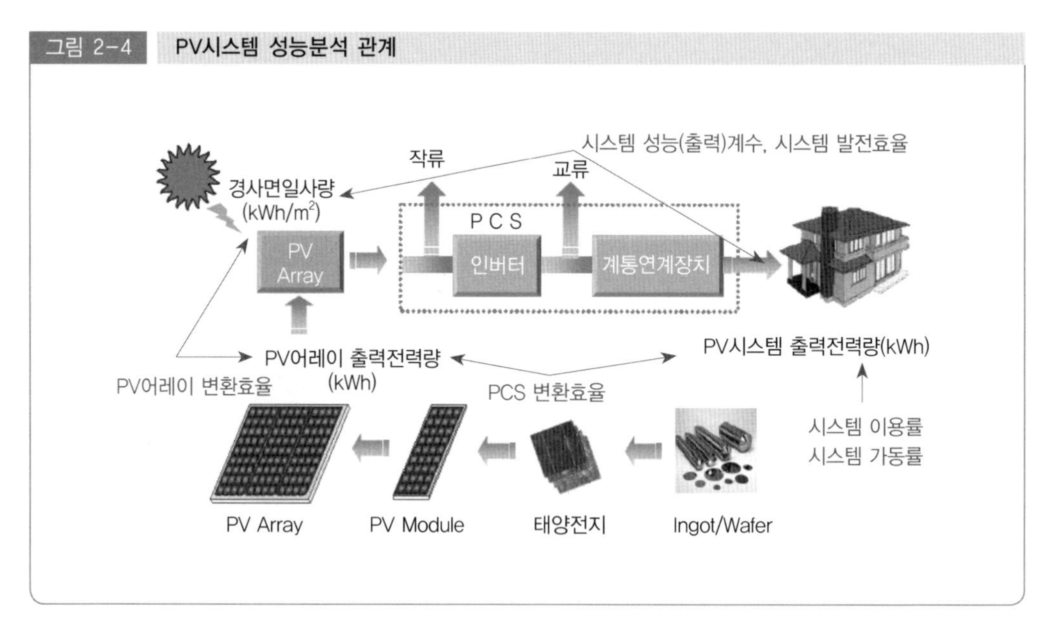

2) 태양광발전시스템 설계 시 성능분석 용어 및 산출방법

그림 2-5 PV시스템 성능분석 용어 및 산출방법

1) 태양광 어레이 변환효율(PV Array Conversion Efficiency)

$$\frac{\text{태양전지 어레이 출력전력}(kW)}{\text{경사면 일사량}(kWh/m^2) \times \text{태양전지 어레이 면적}(m^2)}$$

$$\frac{\text{태양전지 어레이 최대출력}(kW)}{\text{태양전지 어레이 면적}(m^2) \times \text{방사조도}(W/m^2)}$$

2) 시스템 발전효율(System Efficiency)

$$\frac{\text{시스템 발전 전력량}(kWh)}{\text{경사면 일사량}(kWh/m^2) \times \text{태양전지 어레이 면적}(m^2)}$$

3) 태양에너지 의존율(Dependency on Solar Energy)

$$\frac{\text{시스템 평균 발전전력 혹은 전력량}(kWh)}{\text{부하소비전력}(kW)\text{ 혹은 전력량}(kWh)}$$

4) 시스템 이용률(Capacity Factor)

$$\frac{\text{시스템 발전 전력량}(kWh)}{24(h) \times \text{운전일수} \times \text{태양전지 어레이 설계용량(표준상태)}(kWh)}$$

$$\frac{\text{태양광발전시스템 출력에너지}}{\text{(태양광발전어레이의 정격출력} \times \text{가동시간설계용량(표준상태)}}$$

5) 시스템 성능(출력)계수(Performance Ratio)

$$\frac{\text{시스템 발전 전력량}(kWh) \times \text{표준일사강도}(kW/m^2)}{\text{태양전지 어레이 설계용량(표준상태)}(kWh) \times \text{경사면 일사량}(kW/m^2)}$$

$$\frac{\text{시스템 발전전력량}(kWh)}{\text{경사면 일사량}(kWh/m^2) \times \text{태양전지 어레이 면적}(m^2) \times \text{태양전지 어레이 변환효율(표준상태)}}$$

6) 시스템 가동률(System Availability)

$$\frac{\text{시스템 동작시간}(h)}{24(h) \times \text{운전일수}}$$

7) 시스템 일조가동률(System Availability per Sunshine Hour)

$$\frac{\text{시스템 동작시간}(h)}{\text{가조시간}}$$

※ 가조시간(possible duration of sunshine) : 태양이 뜬 다음부터 다시 질 때까지의 시간

3) 태양광발전시스템 설계 시 성능에 영향을 주는 요소

태양광발전시스템 설계 시 일사량변동 · 적설 · 그림자, 오염 · 노화 · 분광일사변동, PV모듈 효율(STC), 온도상승에 의한 효율변동, 직병렬 불균형 · 직류회로, 최대출력동작점의 미스매칭, PCS(인버터) 등은 태양광발전시스템 출력에 영향을 주는 요소들이다.

그림 2-6 PV시스템 설계파라미터

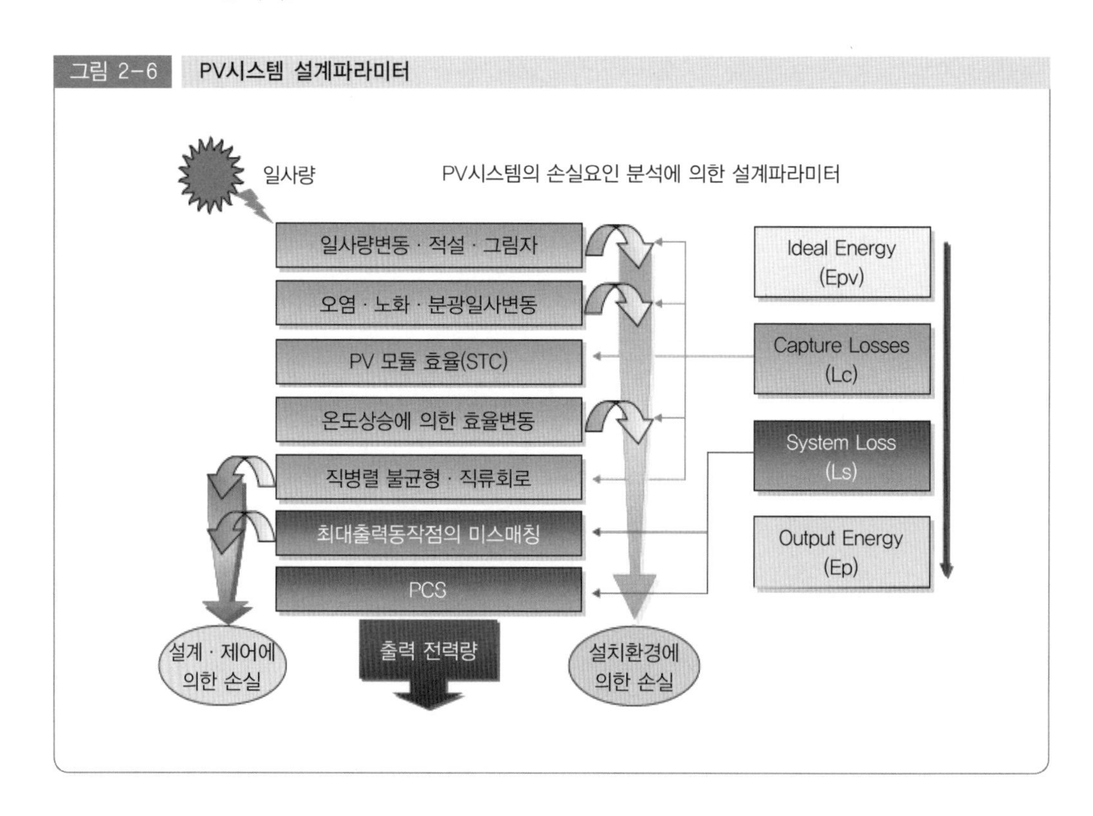

4) 태양전지 용량 산출(계통연계형)

배치된 태양전지 어레이의 면적으로부터 태양광발전설비의 용량이 결정되며 이 용량 Pas는 다음과 같이 산출한다.

$$Pas = \eta ps \times Hs \times A$$

Pas : 표준상태에 있어서 태양전지 어레이 출력용량(kWp)
ηps : 표준상태에 대한 태양전지 Array 변환효율
Hs : 표준상태에 대한 일사강도(1 kW/㎡)
A : 태양전지 Array 면적

Pas 용량은 주어진 면적에서 생산 가능한 태양전지의 최대생산량을 의미하며 이 생산량은 적절한 규모의 인버터를 선정할 수 있도록 현실적인 출력단위로 나누어야 한다. 단위구분의 기준은 사용하고자 하는 인버터의 입력전압범위와 출력이며 다음과 같이 계산한다.

$$Pinst = Ns \times Np \times Pu / 1,000$$

Pinst : 태양전지설비의 단위용량(최대출력 설치용량, kWp)
Ns : 인버터에 필요한 전압을 얻기 위한 직렬연결 모듈의 개수
Np : 인버터에 적합한 출력을 얻기 위한 모듈들의 병렬조합
Pu : 단위모듈의 최대출력(W)

5) 태양광발전시스템 성능 및 발생손실

그림 2-7 PV시스템 성능 및 발생손실

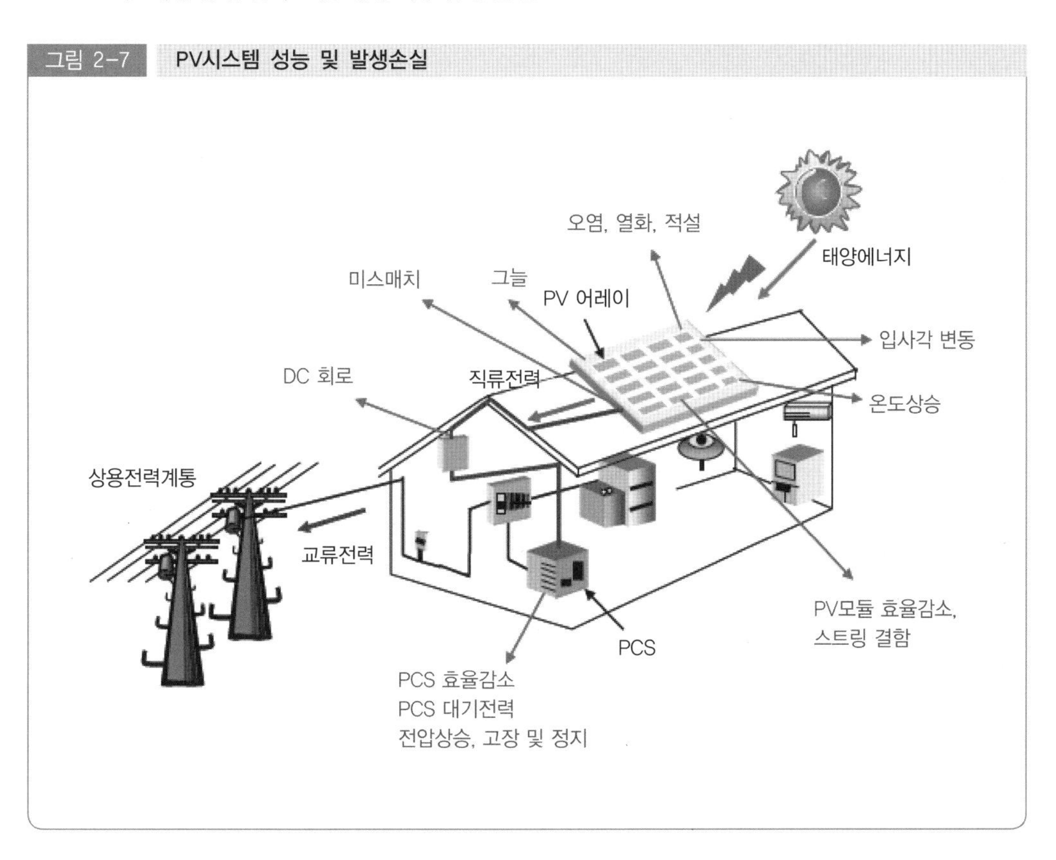

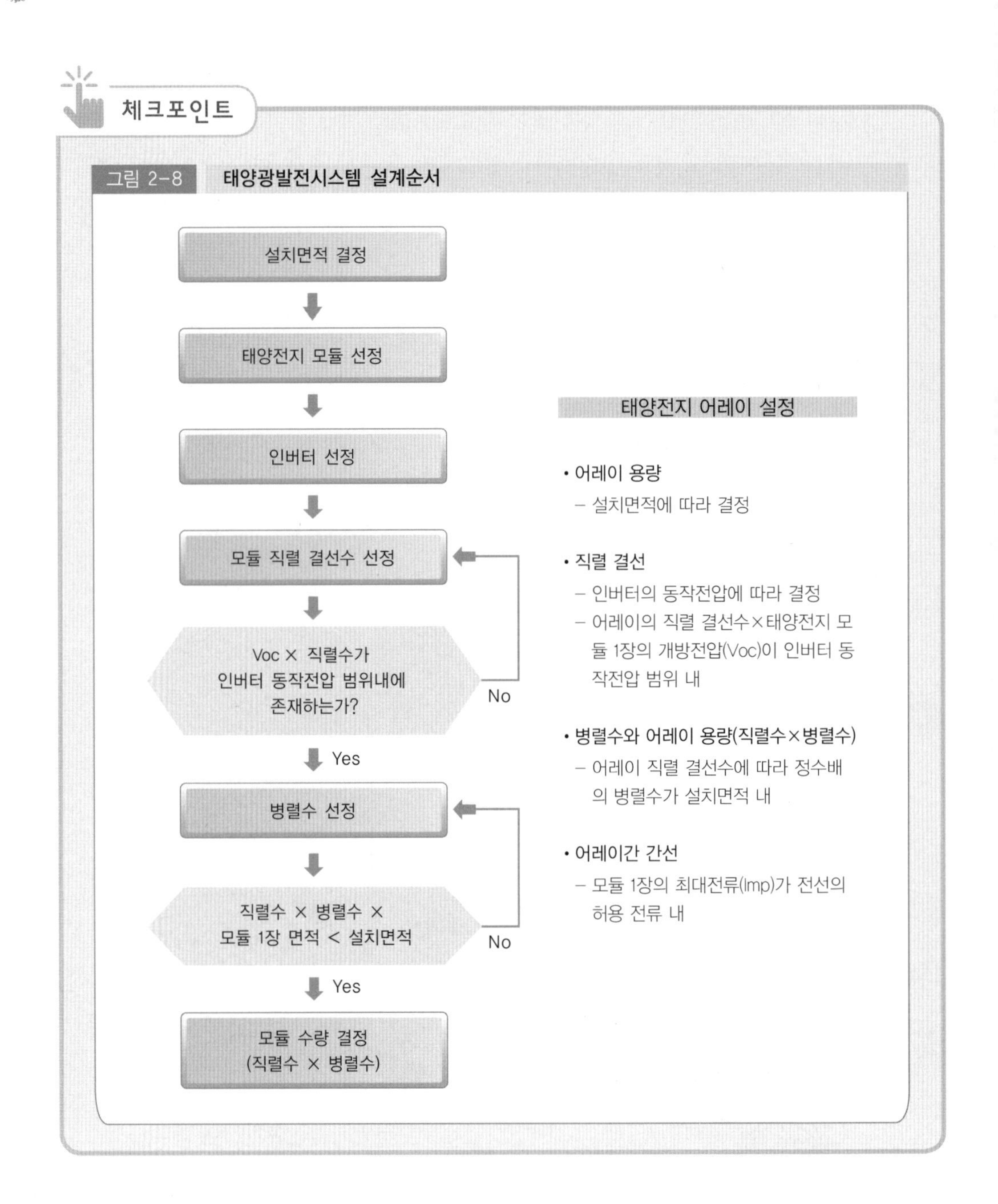

2. 태양전지 어레이 설계

설치할 장소와 설치방식이 결정되었으면 태양전지는 발전용량에 알맞은 모듈을 선정하고 이에 따라 태양전지 어레이 용량과 지지대를 설계하여 신재생에너지설비인증을 위한 기술기준에 적합하도록 진행한다.

(1) 어레이의 구성

태양전지는 태양광에너지를 전기에너지로 변환하는 기능을 가진 최소단위로서 태양전지 셀이 기본으로 된다. 태양전지 셀은 10 ~ 15㎝ 각 판상의 실리콘에 PN접합을 형성한 반도체의 일종이다. 태양전지 셀은 그대로는 발생전압이 약 0.5V로 적기 때문에 높은 전원을 필요로 하는 태양광발전시스템에서는 직렬로 접속해서 모듈로 이용된다.

1) 태양광발전시스템의 구성

수십 매의 태양전지 셀을 내후성 패키지에 수납하여 구성하고 있다. 태양전지 모듈 안에 태양전지 셀을 묶어서 맞추어 소정의 전압, 출력을 얻도록 하고 있다. 태양전지 모듈의 변환효율은 단결정 실리콘 태양전지가 12~15%, 다결정 실리콘 태양전지의 경우 10~13%, 그리고 아모포스(amorphous) 실리콘 태양전지나 화합물 반도체 태양전지(CdS, CdTe 등)에서는 6~9% 정도이다.

2) 태양전지 어레이(Array)

태양전지 어레이는 태양전지 모듈의 집합체로 거치대를 설치하여 연결한 장치로 지지물뿐만 아니라 모듈 결선회로나 결선단자도 이에 포함된다. 지붕이나 지상에 고정형 또는 추적식으로 설치한 태양전지 전체를 말하며, 그림은 태양전지 셀, 태양전지 모듈, 태양전지 어레이의 관계를 표시한다. 태양전지 어레이는 복수 매의 태양전지 모듈을 직렬, 병렬로 접속하여 필요로 하는 직류전압과 발전전력을 얻을 수 있도록 구성된다.

그림 2-9 태양전지 어레이(Array)

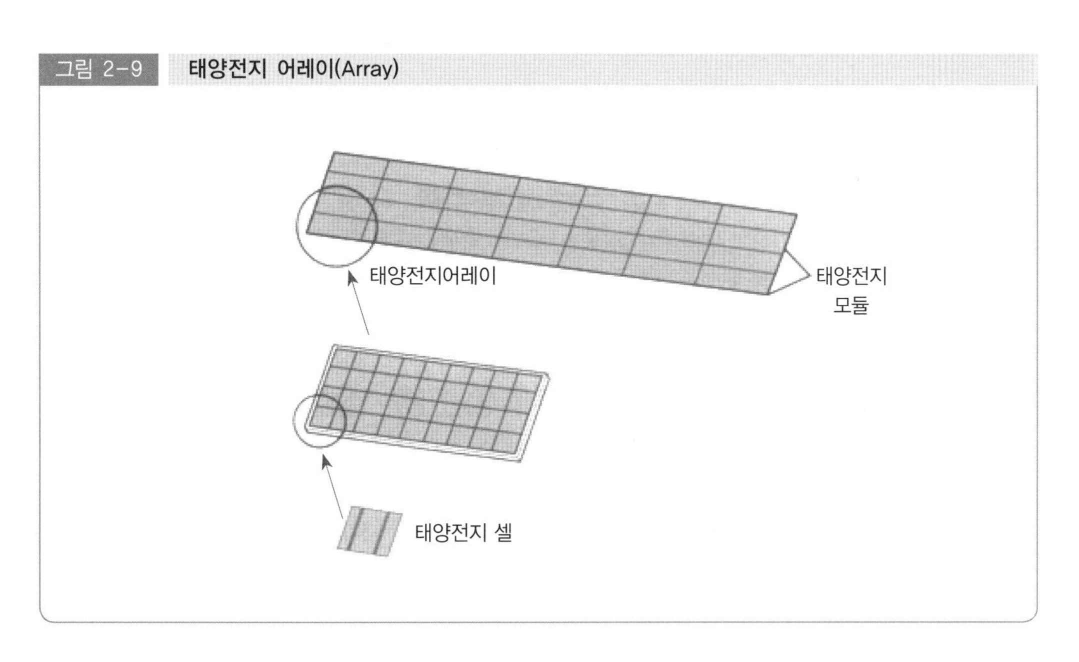

3) 태양전지 어레이의 전기적 구성

태양전지 어레이의 전기적인 회로구성을 그림에 표시한다. 태양전지 모듈의 집합체로서 스트링, 역류방지소자, 접속함 등으로 구성되어 있다. 여기에서 스트링이란 태양전지 어레이가 소정의 출력전압을 만족하기 위하여 태양전지 모듈을 직렬로 접속하여 하나로 합쳐진 회로를 말하며 각 스트링은 역류방지소자를 연결시켜 병렬접속한다. 또한 태양전지 어레이의 직류전기회로는 접지하지 않는 것이 국내에서는 일반적이다.

그림 2-10 태양전지 어레이의 전기적 구성

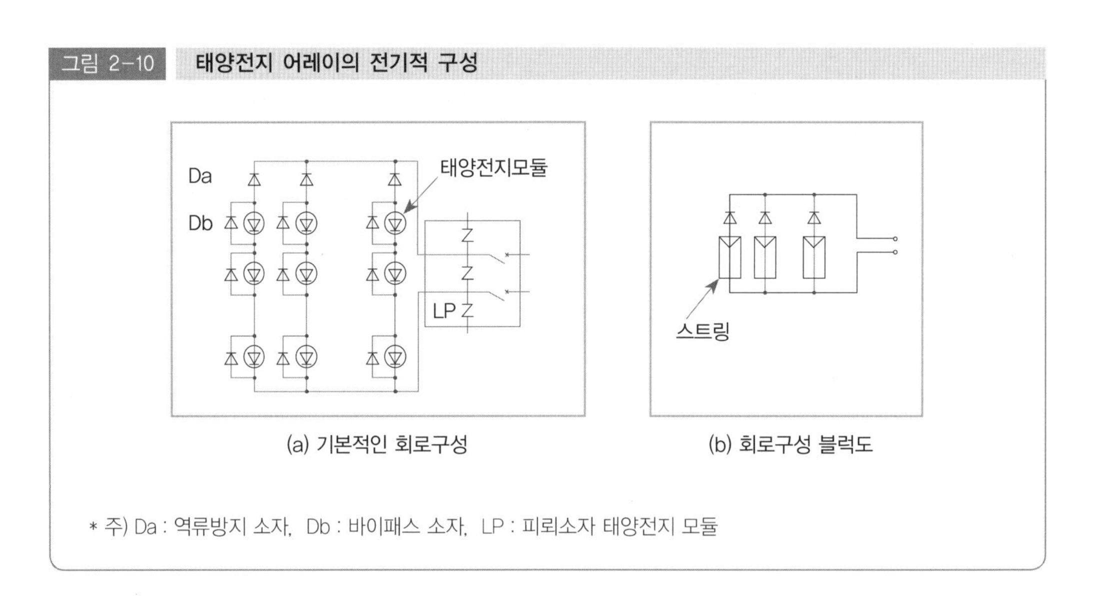

(a) 기본적인 회로구성　(b) 회로구성 블럭도

* 주) Da : 역류방지 소자, Db : 바이패스 소자, LP : 피뢰소자 태양전지 모듈

4) 바이패스소자와 역류방지소자

① 바이패스소자

태양전지 모듈의 안에서 그 일부의 태양전지 셀(이하 셀이라 한다)이 나뭇잎 등으로 응달로 되면 그 부분의 셀은 발전되지 않고 저항이 크게 된다. 이 셀에는 직렬접속 되어 있는 회로(스트링)의 전 전압이 인가되어 고저항의 셀에 전류가 흘러서 발열한다. 셀이 고온으로 되면 셀 및 그 주변의 충진수지가 변색 및 이면 커버의 부풀림 등을 일으킨다. 셀의 온도가 더욱 높게 되면 그 셀 및 태양전지 모듈이 파손에 이르는 경우도 있다. 이것을 방지하기 위하여 고저항으로 된 태양전지 셀 혹은 모듈에 흐르는 전류를 바이패스 하는 것이 바이패스소자를 설치하는 목적이다.

태양전지 어레이를 구성하는 태양전지 모듈마다 바이패스소자를 설치하는 것이 일반적이다. 많은 경우 바이패스소자로서 다이오드를 사용한다.

삽입하는 소자는 일반적으로 태양전지 모듈 이면의 단자함 출력단자의 정부극간에 그림에서와 같이 설치한다. 직렬로 접속한 복수의 태양전지마다 같은 모양의 방법으로 삽입하는 경우도 있다.

태양전지 메이커에 따라 다르지만 모듈에 바이패스소자를 취부 혹은 내장하여 출하하고 있는 경우가 많다.

만일 자신의 바이패스소자를 이용할 필요가 있는 경우는 보호하도록 하는 스트링의 공칭 최대출력 동작전압의 1.5배 이상의 역내압을 가진, 역시 그 스트링의 단락전류를 충분히 바이패스 할 수 있는 정격전류를 가지고 있는 소자를 사용할 필요가 있다.

또한 태양전지 모듈 이면의 단자대에 바이패스소자를 설치하는 경우, 설치장소의 온도는 옥외에서 태양의 열에너지에 의해서 주위온도보다 20~30℃ 높게 되는 경우가 있다. 이 때는 당연히 다이오드의 케이스 온도도 높게 되기 때문에 카다로그에 기재되어 있는 평균 순 전류치 보다 적은 전류로 사용하지 않으면 안된다. 이 때문에 다이오드 사용 시 온도를 추정하여 여유를 가지고 안전하게 바이패스 될 수 있는 정격전류의 다이오드를 선정할 필요가 있다.

그림 2-11 바이패스소자 회로 구성

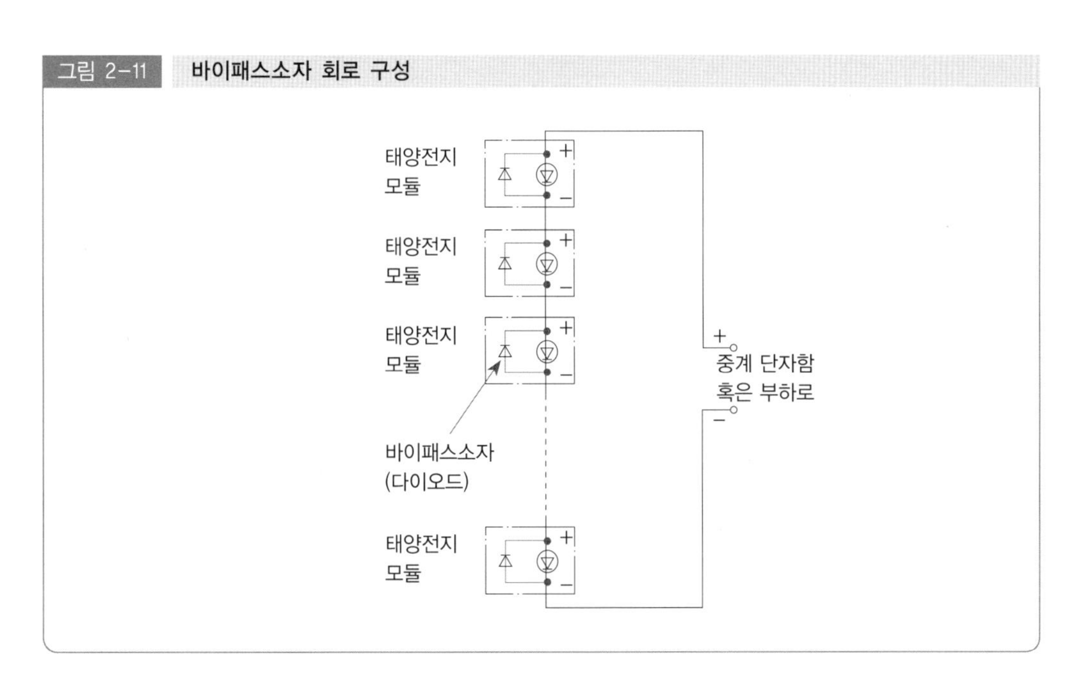

② 역류방지소자

태양전지 모듈에 타 태양전지 회로나 축전지에서의 전류가 돌아 들어가는 것을 저지하기 위해서 설치하는 것으로서 일반적으로 다이오드가 사용된다. 이 역류방지소자는 접속함 내에 설치하는 것이 통례이지만 태양전지 모듈의 단자함 내에 설치하는 경우도 있다. 태양전지 모듈은 나뭇잎 등의 부착이나 근접하는 구조물 등으로 응달이 되면 대부분 발전하지 않는다. 이때 태양전지 어레이나 스트링의 병렬회로를 구성하고 있다고 하면 태양전지 어레이의 스트링 간에 출력전압의 언밸런스(unbalance)가 생겨 출력전류의 분담이 변화한다. 이 언밸런스 전압이 일정치 이상으로 되면 타 스트링에서 전류의 공급을 받아 본래와는 역방향 전류가 흐른다. 이 역전류를 방지하기 위해서 각 스트링마다 역류방지소자를 설치한다. 또한 태양전지 어레이의 직류출력회로에 축전지가 설치되어 있는 경우 야간 등 태양전지가 발전하지 않는 시간대에는 태양전지는 축전지에 의해서 부하로 되어 버린다. 이 축전지에서의 방전은 일사가 회복하거나 축전지의 용량이 없어질 때까지 계속하여 모처럼 비축한 전력이 비효율적으로 소비된다. 이것을 방지하는 것도 역류방지소자의 역할이다. 역류방지소자는 설치하는 회로의 최대전류를 흐를 수 있는 것과 동시에 사용회로의 최대 역전압에 충분히 견딜 수 있을 필요가 있다. 또한 설치장소에 의해서 소자의 온도가 높게 되는 것이 예상된 경우에는 바이패스용 다이오드의 선정과 같이 카다로그 등에서 확인한 후 선정할 필요가 있다.

(2) 태양전지 어레이의 방위각과 경사각

태양에너지를 효과적으로 활용하기 위해서는 태양전지 어레이의 방위각, 경사각이 중요하게 된다. 방위각은 일반적으로는 태양전지의 발전전력량이 최대가 되는 남향, 경사각은 태양전지의 발전전력량이 최대로 되는 연간 최적 경사각으로 하는 것이 바람직하나, 대규모 상업용 발전의 경우 양방향 추적 경사각으로도 설치할 수도 있고, 고정식으로 설치할 경우는 연중 최적 경사각으로 설치하는 것이 바람직하나, 건물에 설치할 경우는 건물의 방향 및 입지조건에 따라 방위각 및 경사각은 조정되어 설치될 수 있다.

1) 어레이 설계 시 고려대상

① 방위각

태양광 어레이가 남향과 이루는 각(정남향 0도)으로 그림자의 영향을 받지 않는 곳에 정남향으로 하고, 현장여건에 따라 정남을 기준으로 동·서로 45도의 범위 내에서 설치하여야 하며, 고려사항은 다음과 같다.

- 남향
- 옥상 및 토지의 방위각
- 건물 및 산의 그림자를 피할 수 있는 각도
- 낮 최대부하 시의 각도

② 경사각

태양광 어레이와 지면과의 각(지면 0도)으로 발전전력량이 연간 최대가 되는 연간 최적 경사각을 선정하며, 경사진 기존의 지붕을 이용할 경우에는 지붕의 경사각을 따르며, 고려사항은 다음과 같다.

- 연간 최적 경사각
- 옥상의 경사각
- 눈을 고려한 경사각
- 부하전력과 발전전력량에 따른 태양광 어레이의 용량을 최소로 하는 경사각

그림 2-12 방위각과 경사각

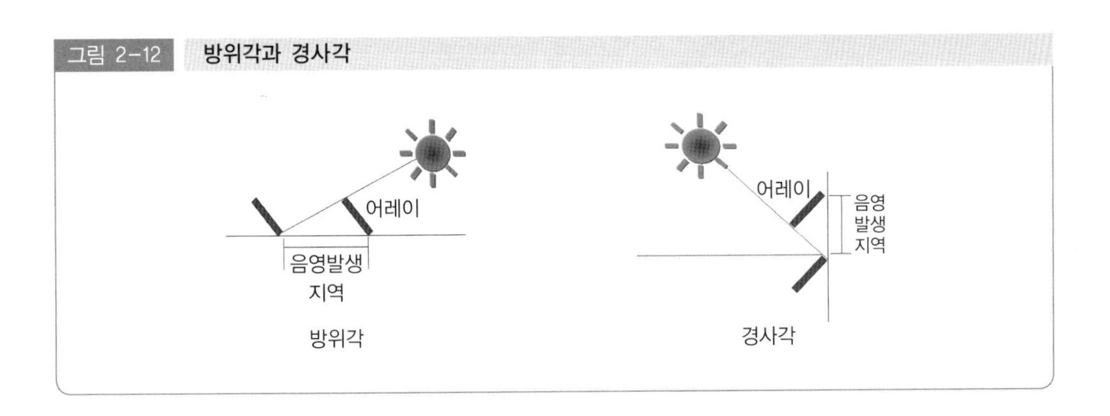

③ 방향성 및 설치 경사각도

㉠ 연간 태양궤적에 비추어 볼 때 지구 북반구에서의 태양전지 설비방향은 남향으로 하여야 한다. 그리고 태양전지 표면에 태양광이 가능한 한 직각에 가깝게 비치도록 하여야 태양광선의 밀도가 커져 최대의 에너지양을 얻을 수 있다.

그림 2-13 방사조도와 분광분포

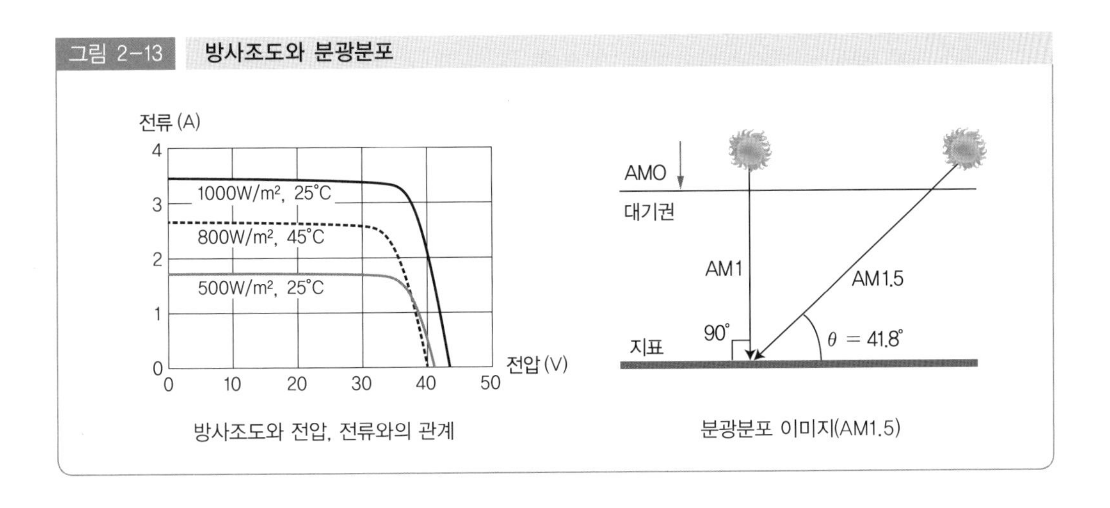

㉡ 지축이 약 23.5° 기울어져 자전과 공전을 하는 지구의 특성상 태양의 고도가 매일 달라져 태양전지 수평면에 조사되는 입사각도가 변하며, 우리나라의 경우 위도 37° 기준으로 할 때 태양광의 입사각도는 하지 정오에 약 76°, 동지 정오에 약 30° 범위에서 연간 태양의 고도가 변하게 된다.

㉢ 항상 태양광선의 입사각을 전지표면에 직각으로 유지할 수 있는 태양광 추적형 발전설비는 이러한 태양고도의 변화가 문제가 되지 않지만, 고정식 발전설비는 특정지역에서의 최적 설치각도와 방향파악을 위하여 해당지역에서 측정된 다년간의 일사량 자료의 분석이 선행되어야 한다.

㉣ 태양의 일사량은 지역별 특성에 따라 다소 차이는 있으나, 그 양은 위도, 계절 등에 따라 변화하며 발전량은 시스템의 설치위치와 특히 경사각 및 방위각에 의해 결정이 된다.

그림 2-14 방향성 및 설치 경사각도

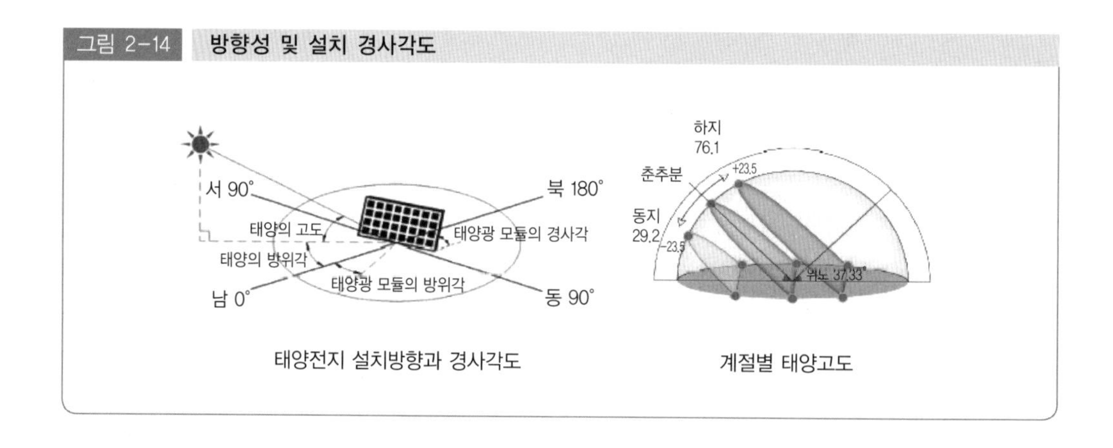

태양전지 설치방향과 경사각도

계절별 태양고도

④ 음영

주변에 일사량을 저해하는 장애물이 없어야 하며, 오전 9시에서 오후 4시 사이에 모듈전면에 음영이 없어야 한다.

2) 일사량

일사량은 지표면에 도달하는 태양광선에 직각으로 놓인 1㎠의 넓이에 1분 동안의 태양에서 오는 빛의 복사로 정의되며, 하루 중의 일사량은 태양고도가 가장 높을 때인 남중시에 최대이고, 1년 중에는 하지경이 최대가 된다. 우리나라는 1,200W/㎡~1,500W/㎡ 정도로서 비교적 높은 일사량을 보이고 있어 태양광 에너지의 활용에 있어서 유리한 조건을 가지고 있고, 현재 기상청에서 국내에 일사량 기기를 설치하여 계측 중인 지역은 22개로서, 일반적으로 10년간 측정데이터의 평균값을 태양광 발전설비 설치 타당성 검토를 위한 기초자료로 사용한다.

(3) 태양전지 어레이용 가대 조건

1) 설치상태

태양전지 어레이의 지지물은 자중, 적재하중 및 구조하중은 물론 풍압, 적설 및 지진 기타의 진동과 충격에 견딜 수 있는 안전한 구조의 것이어야 하며 모든 볼트는 와셔 등을 사용하여 헐겁지 않도록 단단히 조립되어야 하며, 특히 지붕설치형의 경우에는 건물의 방수 등에 문제가 없도록 설치해야 한다.

2) 지지대, 연결부, 기초(용접부위 포함)

태양전지 모듈 지지대 제작 시 형강류 및 기초지지대에 포함된 철판부위는 용융아연도금처리 또는 동등 이상의 녹 방지처리를 해야 하며 용접부위는 방식처리를 해야 한다.

3) 체결용 볼트, 너트, 와셔(볼트캡 포함)

용융아연도금처리 또는 동등 이상의 녹 방지처리를 해야 하며 기초 콘크리트 앵커볼트의 돌출부분에는 볼트캡을 착용해야 한다.

4) 가대의 종류

일반적으로 사용되는 모듈 고정용 가대에는 L형강, C형강, ㄷ형각 등이 있다.

그림 2-15 국내의 일사량 분포

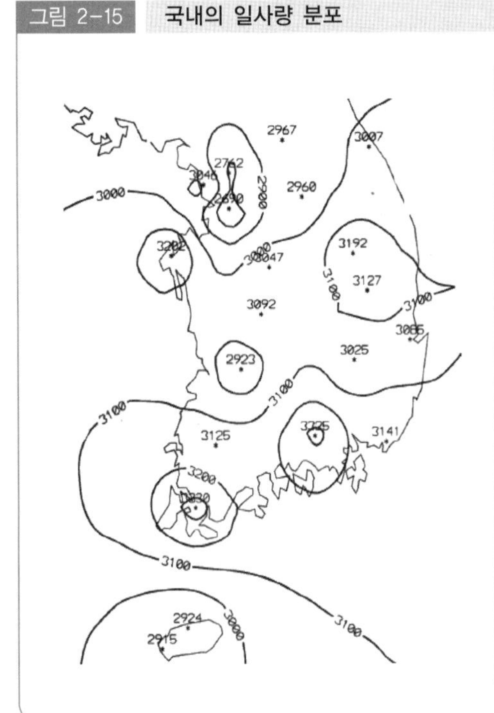

지역	최적경사각 (도)	일평균 경사면일사량	
		(kcal/m².day)	(kcal/m².day)
강릉	36	3,433.2	3.99
춘천	33	3,323.8	3.86
서울	33	3,083.3	3.58
원주	33	3,301.9	3.84
서산	33	3,561.7	4.14
청주	33	3,387.8	3.94
대전	33	3,462.4	4.02
포항	33	3,464.4	4.03
대구	33	3,370.9	3.92
영주	33	3,589.6	4.17
부산	33	3,515.6	4.09
진주	33	3,746.8	4.35
전주	30	3,188.2	3.71
광주	30	3,447.7	4.01
목포	30	3,664.9	4.26
제주	24	3,091.0	3.59

(4) 태양전지 어레이용 가대 설계

가대는 프레임(Panel frame), 지지대(Support lag), 기초판(Base plate) 등으로 구성된다.

1) 가대의 재질

가대의 재질은 환경조건과 설계 내용연수에 따라 선택、결정한다. 어레이용 지지대는 설치장소에 적정하게 현장에서 직접 설계도서에 맞도록 제작하는 경우가 많으나 요즘에는 표준화하는 경우가 있어 저렴하고 디자인적으로도 미려한 제품들이 제작되고 있으니 설계 시 참고하면 도움이 될 것이다. 참고로 현재 설계에 적용하는 적정한 재질로는 내용연수 등을 고려하여 SS400의 강재용융아연도금 마무리 제품을 많이 사용하며 스테인리스강 STS316은 염해 등에 대해 내성이 높지만 구입이 곤란하고 고가이다. 알루미늄 합금재도 검토될 수 있지만 고가로서 품종의 선택이나 표면처리를 잘못하면 알루미늄합금 본바탕은 철보다 더 활성이 높기 때문에 부식의 진행이 빠른 점을 고려할 필요가 있다.

2) 가대의 강도

특별한 폭설지대를 제외하고 최저한 자중에 풍압력을 가한 하중에 견디는 것이어야 한다. 옥상설치의 경우도 자중과 풍압의 최대하중으로 설계하여 두면 좋다.

3) 가대의 내용연수

내용연수를 몇 년으로 설정하는가 등에 의해서 재질을 선택한다. 아래는 내용연수의 목표를 표시한 것이다.

① 강재 + 도장	재질과 환경에 따라 5~10년에 재도장
② 강재 + 용융아연도금	20~30년
③ 스테인리스	30년 이상

4) 가대 고정기초

지상에 설치할 경우의 기초는 지내력을 조사하여 지진에도 견딜 수 있도록 콘크리트기초 혹은 베타기초로서 충분한 철골을 사용하여 강도를 갖도록 한다. 단 과잉설계를 하지 않고, 충분한 강도를 가진 경제적인 것이 요구된다.

옥상설치의 경우는 방수층의 상황을 고려해야 하지만 가능하면 콘크리트 매립 L형 앵커볼트 혹은 케미컬 앵커로 가대를 고정하는 것이 필요하다.

(5) 설치 가능한 태양전지 모듈 수 산출

PCS의 입력전압의 최소, 최대 범위에 따라 모듈의 직렬 연결수가 달라진다.

그림 2-17 가대 고정 사례

그림 2-18 설치 가능한 태양전지 모듈 수 산출

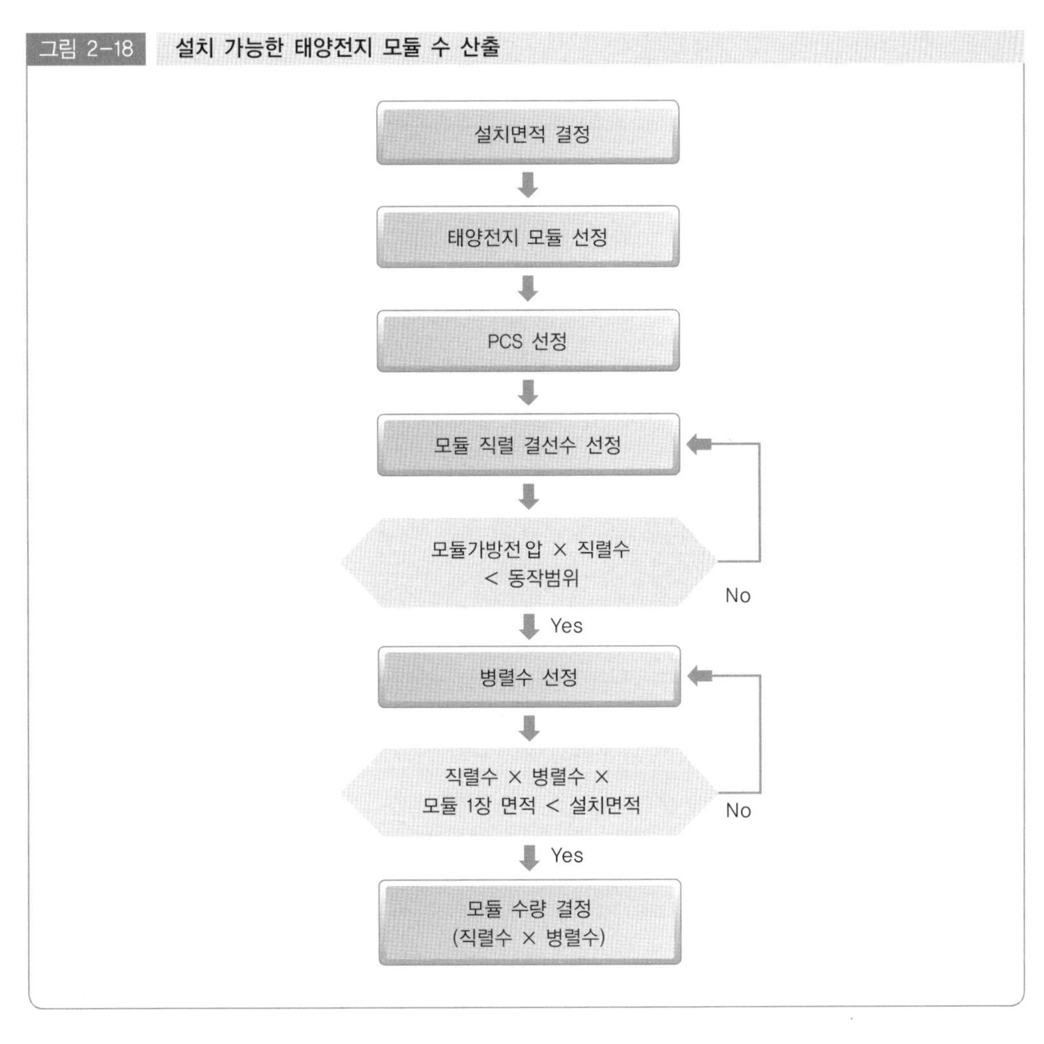

예제 경사지붕면적이 100㎡(10㎝×10㎝)인 건축물에 PVS 설비를 구축하려고 한다. 165Wp급 모듈의 가로길이가 1.6m, 세로길이가 0.8m, 모듈의 온도에 따른 전압범위가 28~42V 일때

1) 모듈의 설치 가능 개수는?
2) 발전 가능 용량 kWp은?
단, 인버터의 동작전압은 150~540V, 효율은 92%(설치간격 및 기타 손실 등은 무시하는 것으로 한다)

풀이

1) 모듈의 설치 가능 개수(최대)
- 가로배열 : 10/1.6 = 6.25 = 6개
- 세로배열 : 10/0.8 = 12.5 = 12개
- 12개 직렬연결시 최저전압 28 × 12 = 336V
  12개 직렬연결시 최고전압 48 × 12 = 504V 동작범위 내에 있으므로

2) 발전 가능 용량[kWp]
- 발전 가능 용량 = 모듈수 × 모듈 1개의 Wp × PCS효율
  = 72 × 165 = 0.92
  = 10.93kWp

3. 태양광발선 구조물 설계

(1) 태양광 구조물 시스템 설계 기준

태양전지 어레이용 구조물 구축시스템은 구조물 자체의 설계만이 아닌, 설치조건에 기초하여 지반과 건물의 강도, 옥상방수 상황, 태양전지 설비의 최적배치, 시공방법, 유지관리 등을 포함한 다양한 검토를 수행하여, 종합적인 환경부하 저감을 고려한 건설비용 및 라이프 사이클 비용의 최소화를 도모하기 위한 구조물을 설계해야한다.

1) 구조설계의 기본방향

안전성	경제성	시공성	사용성
• 천재지변 • 유지보수 및 발생 가능한 추가하중 반영 • 하부의 기존 구조물 안전성 고려	• 과다한 응력에 따른 구조물량 증가 요인 배제 • 공사비 절감할 수 있는 공법 적용 설계	• 부재 단면을 통일화하여 시공성 향상 • 접합부의 시공성을 고려한 부재 배치	• 장 · 단기 처짐 및 기타 변형 등에 관한 검토

2) 지지대 설계순서

그림 2-19 지지대 설계순서

3) 구조설계 시의 고려사항(풍하중·적설하중 등)

① 진행과정

일반적으로 옥상에 설치하는 태양광 전지판 구조설계는 우선 고정하중(PV모듈 및 프레임)에 대한 자료를 건축설계 사무소에 제공하여 구조검토가 진행된다.

그 진행순서는 다음과 같다.

㉠ 태양광 전지판과 철골 자체중량 산출

㉡ 풍하중과 적설하중에 대한 저항값 선정

㉢ 태양광 전지판과 구조체의 접합 시 철골의 경우 허용응력설계법이나 한계상태설계법에 의해 계산하거나 RC의 경우 한계상태설계법이나 극한강도설계법에 의해 계산하여서 내력을 만족

㉣ 풍하중에 의한 처짐 검토

㉤ 구조체의 수평하중이 기둥으로 전달되면서 발생하는 좌굴 검토

㉥ 축력에 의해 베이스플레이트의 크기와 앵커의 깊이, 크기 산출

표 2-2 설계속도압

건축물의 높이 (m)	기본풍속(m/sec) 및 노풍도					
	35(A)	35(B)	35(C)	40(C)	45(C)	50(C)
0	30	60	100	140	190	240
10	40	70	110	150	200	250

표 2-3 지역별 기본풍속

등 급	지역구분	설계기본풍속(m/sec)	노풍도
Ⅰ 내륙	서울, 수원, 서산, 대전, 춘천, 청주, 추풍령, 이리, 전주, 광주, 진주, 대구	35	B(다만, 대도시의 고층시가지 중심부에서는 A)
Ⅱ 해안(1)	인천, 군산, 충무, 부산, 울산	40	
Ⅲ 해안(2)	속초, 강릉, 포항, 목포, 여수, 제주, 서귀포	45	
Ⅳ 섬	울릉도	50	

표 2-4 눈의 평균단위중량

수직최심 적설깊이(cm)	적설깊이 1cm당 평균단위중량(kg/m²)
50 이하	1.0
100	1.5
150	2.0
200 이상	3.0

표 2-5 지역별 수직최심 적설깊이

지역구분	지 역	수직최심 적설량(cm)
Ⅰ	여수, 진주, 충무, 부산, 울산, 제주, 서귀포	30
Ⅱ	인천, 서울, 수원, 서산, 대전, 이리, 전주, 광주, 울산, 포항	50
Ⅲ	군산, 목포, 춘천, 청주, 추풍령, 대구	70
Ⅳ	속초, 강릉, 대관령	150
Ⅴ	울릉도	350

② 전지판 설치가대 공사

㉠ 기본구조의 검토

모듈의 외형치수와 층수/열수의 배열, 설치가능 범위, 설치장소의 형상 및 구조, 작업성 등을 고려하여 가대의 기본구조와 높이를 검토한다.

㉡ 하중의 계산

태양전지 모듈 및 가대에 가해지는 하중을 설치장소의 기상조건이나 배치방식 등에 의해 계산한다.

• 풍압하중	= 풍압계수 × 설계용 속도압(N/㎡) × 수직풍 면적(㎡)
• 설계용 속도압	= 기준 속도압(N/㎡) × 높이보정계수 × 용도계수 × 환경계수
• 기준 속도압	= 1/2 × 공기밀도(N · s^2/m^4) × (설계용 기준풍속(㎧))^2
• 높이 보정계수	= (어레이의 지상높이 / 기준 지상높이)1/8

㉢ 부재선정과 기초의 설계

기초를 필요로 하는 어레이의 경우는 설치면에 가해지는 가대의 하중을 계산, 기초를 설계하고 시방을 명확히 한다. 그리고 기초를 포함한 하중이 건물 강도를 상회하지 않다는 것을 확인하여야한다.

㉣ 구조적 설계 포인트

가대의 기본구조는 가대의 조립, 모듈의 가대에의 설치 및 모듈 간 배선 등 각 작업을 용이하게 할 수 있는 구조로 하여야 한다.

• 경사지붕용 가대

모듈의 가대고정은 모듈의 앞쪽 또는 옆쪽에서 고정하여야 한다. 그러나 측면에서 고정할 경우에는 이웃한 모듈과의 간격을 10cm 이상으로 확보할 필요가 있기 때문에 한정된 지붕면적을 효율적으로 이용할 수 없다. 따라서 대부분 모듈 위쪽에서 고정하는 방법을 사용한다. 연간 일사량이 최대가 되는 경사각도는 통상 설치장소의 위도보다 약간 작은 값이 된다. 한편 어레이에 가해지는 풍압하중은 어레이 면이 지붕면에 평행인 상태에서 가장 작고, 약간의 경사를 주는 것만으로 급격하게 증가하며, 가대 부재의 대형화 및 건물의 하중증가로 이어진다. 이 때문에 어레이 면을 지붕면에 평행으로 하는 것이 종합적으로 최적이라고 할 수 있다. 모듈의 높이는 모듈 뒷면의 공기대류에 영향을 미치는 공기속도에 영향을 미친다. 공기속도가 빠를수록 태양전지의 온도는 저하되고, 효율이 좋지만, 10cm 이상 높게 하여도 효과는 더 이상 커지지 않으므로 10cm 정도로 하는 것이 바람직하다.

표 2-6 풍압계수

설치형태	풍력계수			비 고
	순풍		역풍	
	정압	θ	부압	
지붕설치 (경사지붕)	0.75 0.61 0.49	12° 20° 27°	0.45 0.40 0.08	지붕들보에 벽돌 등의 돌기가 있는 경우 좌측 부압값은 1/2로 해도 된다. 또한 좌표측에 표시되어 있지 않은 θ의 정압은 아래의 근사식에서 구해도 된다. 정압 : $0.95 + 0.017^{\theta}$ 부압 : $-0.10 + 0.077^{\theta} - 0.0026^{\theta 2}$

표 2-7 하중조건의 조합

하중조건		일반지방	다설지방
장기	상시	고정하중	고정하중 + 적설하중 × 0.7
단기	적설시	고정하중 + 적설하중	고정하중 + 적설하중
	폭풍시	고정하중 + 풍압하중	고정하중 + 적설하중 × 0.35 + 풍압하중
	지진시	고정하중 + 지진하중	고정하중 + 적설하중 × 0.35 + 지진하중

• 평지붕용 가대

모듈 뒷면에 충분한 작업공간이 없는 경우에는 경사지붕과 같은 방법으로 고정하며, 가대의 지붕 고정방법은 가대의 일부를 건물과 일체화하는 방법과 가대와 기초의 중량에 의해 어레이를 지붕면에 고정하는 방법의 두 종류가 있다.

전자의 경우 건물의 시공단계와 맞추어서 어레이를 설치하는 경우 가장 적합한 방법이다.

이에 비하여 기존 건물과 같이 가대를 고정할 부재가 없는 경우에는 크게 지붕 개량공사가 수반되어 건설비용이 대폭 상승하는 경우가 발생한다. 또한 기초의 중량에 영향을 받아 어레이가 가해지는 바람방향의 풍압하중을 충분히 확인하여야 한다. 경사각도는 다설지역의 경우 어레이 면의 적설을 고려하여야 한다. 어레이 면의 적설은 경사각도가 급할수록 빠르게 미끄러져 떨어진다. 또한 어레이 위에 쌓인 눈이 어레이 면의 각도에 의하여 미끄러지거나 기온이 올라가면 미끄러져 떨어져 어레이 전방에 쌓이면서 그늘의 원인이 되는 경우가 있다. 따라서 어레이 면의 최소높이는 지붕면으로부터 50cm 정도로 결정하며 다설지역에서는 적설량을 고려하여 결정하여야한다

표 2-8 용도계수

용도계수	태양광발전시스템의 용도
1.15	극히 중요한 태양광발전시스템
1.00	통상적인 태양광발전시스템
0.85	단기간 또는 위의 항목에 해당하지 않는 시스템으로 태양전자 어레이가 지상고 2m 이하인 경우

표 2-9 환경계수

환경계수	태양광발전시스템의 용도
1.15	극히 중요한 태양광발전시스템
0.09	통상적인 태양광발전시스템
0.70	단기간 또는 위의 항목에 해당하지 않는 시스템으로 태양전자 어레이가 지상고 2m 이하인 경우

4) 구조물 설계 시 설계하중

① 수직하중

㉠ 고정하중

- 태양광 모듈의 하중은 최대 0.15kN/㎡이다.
- 지붕 마감재는 시공되지 않으나 태양광 모듈 설치용 잡철물 및 기타 추가 하중을 고려하여 주 구조체 자중을 포함한 총 고정하중 0.45kN/㎡을 적용한다.

㉡ 활하중

- 등분포 활하중은 적용하지 않는다.
- 보 부재 중간에는 고정하중 외에 추가로 5kN의 집중 활하중을 고려한다.

㉢ 적설하중

- 최소 지상 적설하중 0.5kN/㎡을 적용하고 태양광 모듈 경사면에서의 눈의 미끄러짐에 의한 저감은 안전 측 설계를 위하여 반영하지 않는다.

② 수평하중

㉠ 풍하중

- 기본풍속(VO) : 30m/sec
- 노풍도 : B
- 중요도 계수(IW) : 1.1(중요도 특)
- 가스트 영향계수(Gf) : 2.2

㉡ 지진하중

- 지역계수(A) : 0.11(지진구역 1)
- 지반의 분류 : SD
- 내진등급 : 특
- 반응수정계수 : 6.0(철골모멘트골조)
- 중요도 계수(IE) : 1.50

체크포인트

1. 구조물 구조 및 각부 명칭

그림 2-20 구조물 구조 및 각부 명칭

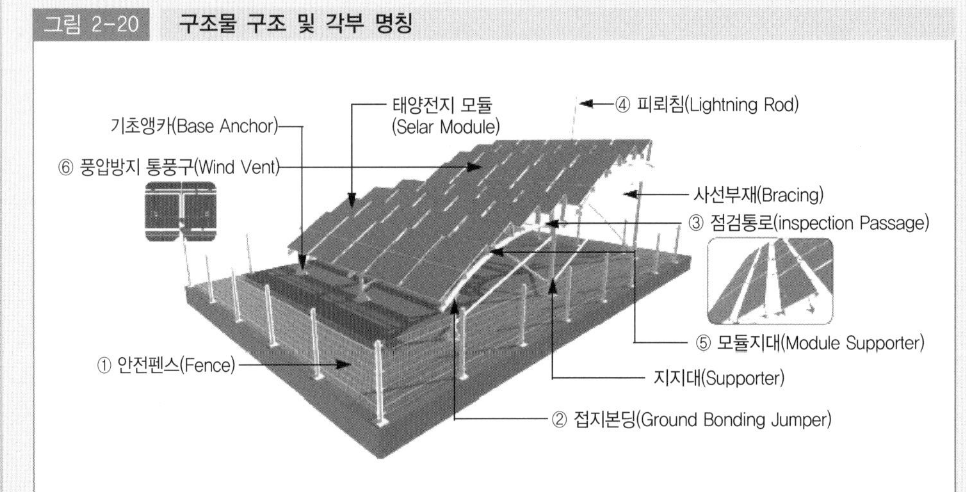

① 안전펜스 : 안전거리 확보로 설비보호 및 인축의 피해를 방지
② 접지본딩 : 구조체와 대지간의 등전위상태 유지 및 위험요소 제거
③ 점검통로 : 유지보수를 위한 설비점검 시 작업의 용이성 극대화 및 사고방지
④ 피뢰침 : 기상에 따른 위험으로 부터 설비(모듈) 보호
⑤ 모듈지지대 : 표준 15단계 각도 조절용 가변형 구조물 채용으로 최적각도 유지
⑥ 풍압방지 통풍구 : 모듈 간 100mm 이격간격 확보하여 구조물에 작용하는 풍압의 부담을 경감

2. 구조설계 시 설계하중

구분		내 용
수직 하중	고정하중	어레이 + 프레임 + 서포트 하중
	적설하중	경사계수 및 눈의 단위질량 고려
	활하중	건축물 및 공작물을 점유 사용함으로서 발생하는 하중
수평 하중	풍하중	어레이에 가한 풍압과 지지물에 가한 풍압의 합 풍력계수, 환경계수, 용도계수 등을 고려
	지진하중	지지층의 전단력 계수 고려

※ 하중의 크기 : 폭풍 시 〉 적설 시 〉 지진 시

(2) 구조물 이격거리 산출적용 설계요소

태양전지 어레이는 소요되는 출력을 얻을 수 있도록 다수를 직병렬 조합을 하는데 전열의 어레이가 후열의 어레이에 그림자의 영향을 주지 않도록 배치하여야 하는데 이 최소 이격거리는 다음과 같이 구한다.

그림 2-21 태양전지 어레이 최소 이격거리

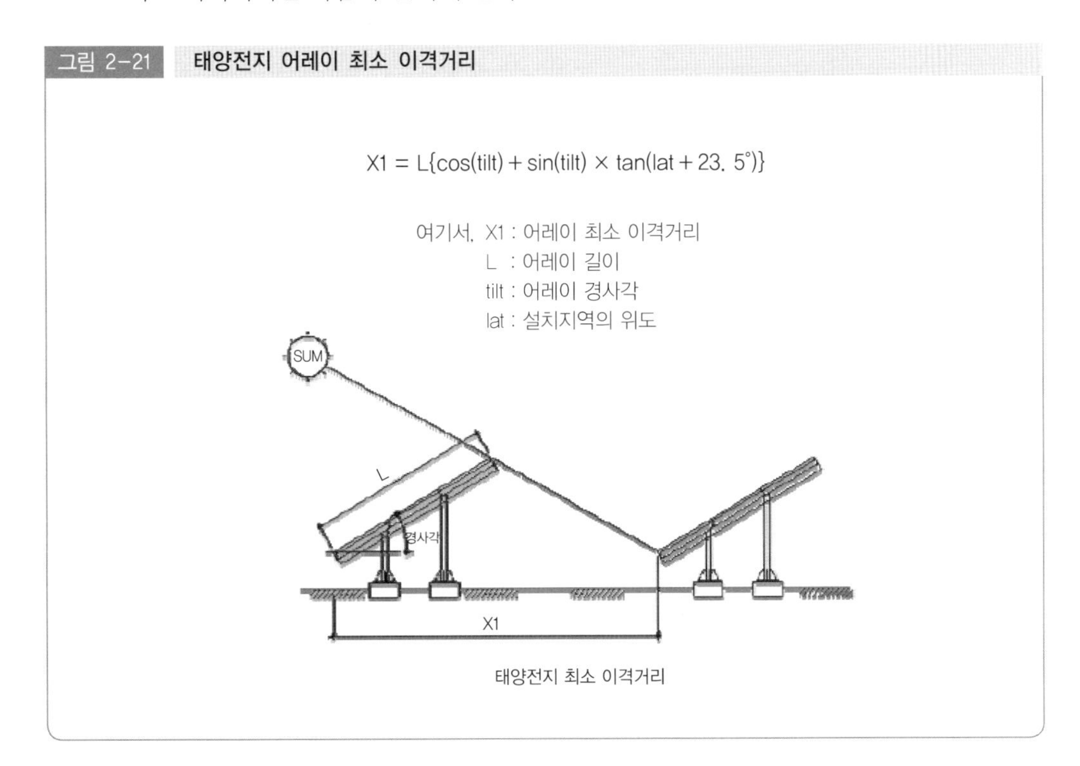

태양전지 최소 이격거리

4. 태양광발전시스템 전기설계

(1) 전기시스템 구성 및 기획

1) 구성 및 계획 절차

① 태양전지 모듈 결정

- 장소와 목적에 알맞게 결정한다.
- 모듈 선정기준에 따라 결정한다.
- 규격정보 및 인증정보를 확인한다.

② 스트링수 결정

- 인버터의 입력전압으로 직렬 스트링수를 결정한다.
- 입력전류로 병렬 스트링수를 결정한다.

③ 인버터의 용량과 수량 결정

- 인버터 규격에 따른 직렬수를 결정한다.
- 인버터 규격에 따른 병렬수를 결정한다.
- 인버터의 용량과 수량을 결정한다.

④ 접속반 결정

- 모듈 병렬수에 따른 접속함 채널과 수량을 결정한다.

⑤ 송배전반 결정

- 사용전압과 전류 및 설비기준에 맞추어 전원차단기를 결정한다.
- 사용전압과 전류 및 설비기준에 맞추어 변압기를 선정한다.

⑥ 케이블 선정

- 사용전압과 전류 및 설비기준에 맞추어 케이블을 선정한다.

체크포인트

1. 태양광발전 설계 절차

1) 부하용량의 산정
2) 시스템의 형식/구성기기의 선정
3) 설치장소/설치방식 선정
4) 태양광 전지 Array 설계
5) Inverter 및 UPS 용량 설계
6) 독립형의 경우 발전기 용량 계산
7) 간선 및 분기선 설계
8) Protection 설계
9) Lay-out 및 제조원가 산출

2. 태양전지 발전량 계산 시 고려해야 할 사항

1) 일사량의 변동 및 적운, 적설에 대한 손실 고려할 것
2) 오염, 노화, 분광일사, 변동에 의한 손실 고려할 것
3) 그늘에 의한 손실 고려할 것
4) 표준온도 상태에서의 태양전지 효율 고려할 것
5) 직병률 접속의 불균형, 직류회로 손실 고려할 것
6) 최대출력 동작점에서의 차이에 의한 손실 고려할 것
7) 축전지의 충방전에 의한 손실 고려할 것
8) 인버터 및 발전기 손실 고려할 것
9) 일평균 경사면의 일사량에 대한 고려를 할 것(지역별)
10) 전압가압에 대한 고려를 할 것

2) 태양광발전 설계방법

① 조건

- 부하(사용전기제품)의 소비전력이 얼마인지? (W, A, V, 직류 또는 교류)
- 사용시간이 어떻게 되는지? (시간/일)
- 흐리거나 비가 오는 날은 며칠인지? (보통 4~5일 정도)

② 태양광발전을 위하여 필요한 기기

- 태양전지
- 콘트롤러 : 전류의 과충전방지, 역류방지 및 안정적인 전류공급기
- 충전 배터리 : 태양전지에서 생산된 전기를 저장해 두는 곳
- 인버터 : 직류를 교류로 사용할 경우 전압변환기

③ 사용량의 계산방법

계산방법, 손실 등의 수치는 제품의 종류나 상황에 따라 변화되며. 아래의 사용예는 참고사항으로 한다.

㉠ 태양전지 모듈

- 소비전력 = W × 사용시간 = 하루당 소비전력(Wh)
- 하루당 소비전력(Wh) ÷ 4시간(1일 평균 일조시간) = 필요발전량(W)
- 필요발전량(W) × 1.15(발전손실률) = 필요 태양전지 모듈(W)
- 1 일분의 소비전력에 필요한 태양전지 모듈 용량(W)
- 1 일분의 소비전력에 필요한 태양전지 모듈 용량(W) × 흐리고 비 오는 일수(4 또는 5일) = W(일)
- 합계로 필요한 태양전지 모듈 용량(W)

㉡ 배터리 용량 계산방법

- 1 일 소비전력(Wh) × 흐리고 비 오는 날수(4 또는 5일) ÷ 0.8(배터리 손실률) ÷ 사용배터리 전압(V) × 2(여유) = 필요 배터리 용량(A)

㉢ 콘트롤러

- 태양전지 모듈의 총량으로 입력용량을 결정한다. 사용하는 부하의 용량에 따라 출력용량을 결정한다. 일반적으로 직류의 부하를 사용할 경우는 방전기능도 사용할 수 있는 충방전콘트롤러를 선택한다. 교류의 부하를 사용할 경우는 배터리로부터 인버터로 연결하여 부하를 사용하므로 콘트롤러는 충전만 가능한 충전콘트롤러를 선택한다.

㉣ 인버터

- 교류를 사용할 경우에는 배터리로부터 접속하여 사용하는데, 부하의 용량, 사용할 전기제품의 종류에 맞추어서 사용한다.

표 2-10 구성요소의 용량계산 사례

● 태양광 패널의 실제 발전량은?

패널 발전량 패널 뒤면에 주로 표시되어 있다.	÷	1.15 패널의 발전 손실율	=	실제 발전량
예) 3000mA 12V 54W	÷	1.15	=	46.9W
	÷	1.15	=	

● 일일 실제 발전량

한국의 평균일조시간을 약 3.3시간/일(계절, 지역, 기후에 따라 많은 차이가 있음)

실제 발전량	×	3.3시간	=	일일 발전량
예) 46.9W	×	3.3시간	=	154.7Wh
	×	3.3시간	=	

● 배터리의 만충전에 필요한 시간은?

사용 배터리 표시용량	÷	일일 발전량	=	만충전시 필요한 시간
예) 204W	÷	154.7Wh	=	1.3일
	÷		=	

● 배터리에 저축된 전기는 실제로 얼마만큼 사용 가능한가?

(배터리의 종류, 사용환경에 따라 많은 차이가 있다.)

배터리 용량	×	배터리 손실	=	실제 배터리 용량
예) 12V 17A 204W	×	0.8	=	163.2W
	×	0.8	=	

직류부하 사용 시

실제 배터리 용량	÷	사용 전기용품의 소비전력	=	사용가능시간
예) 163.2W	÷	직류 14W	=	11.6시간
	÷		=	

교류부하 사용 시

실제 배터리 용량	÷	교류손실	÷	전기제품 소비전력	=	사용가능시간
예) 163.2W	÷	1.1	÷	교류 14W	=	10.5시간
	÷	1.1	÷		=	

※상기의 계산방법은 제품의 손실율과 사용환경에 따라 많은 차이가 있음에 주의 필요.

④ 태양전지의 재료별 특성

현재 태양광발전시스템으로 일반적으로 사용되고 있는 태양전지는 실리콘 반도체에 의한 것이 대부분이다. 특히, 실리콘 반도체 결정계의 단결정 및 다결정

태양전지는 변환효율 및 신뢰성이 우수하여 널리 사용되고 있다. 이미 시계나 탁상계산기 등에 보급하고 있는 어몰포스 태양전지도 제조기술이 대량생산에 적합하고 또한 결정계에 비해 저 코스트이지만 변환효율에 있어서는 결정계에 비해 뒤떨어진다.

표 2-11 태양전지의 재료별 특성

태양전지 재료	변환효율	신뢰성	특성	주요용도
단결정 실리콘	매우 좋다	매우 좋다	풍부한 사용실적이 있다.	우주용 지상용
다결정 실리콘	좋다	매우 좋다	장래 대량생산에 적합하고 있다.	지상용
AMORPHOUS	보통	보통	형광등 불빛에서도 비교적 잘 작동	민생용(탁상계산기, 손목시계)
단결정 화합물	매우 좋다	매우 좋다	무겁고 갈라지기 쉽다.	우주용
다결정 화합물	보통	보통	자원량이 적다. 공해물질을 포함하는 것도 있다.	민생용

⑤ 태양전지의 변환효율

태양전지의 가장 중요한 성능지수는 빛으로부터 전기로의 변환효율이다. 변환효율은 태양전지에 흐르는 광에너지 중에 몇 %를 전기에너지로 전적으로 변환할 수 있는지를 수치로 나타내는 것을 말한다.

효율(%) = (생산된 전력량) / (태양빛 에너지) × 100

당연히 효율이 높은 태양전지를 만드는 것이 좋다. 그러나 과연 태양전지로 전기를 생산한다면 전력비가 얼마나 될까를 따지려면 아무래도 경제적인 측면 즉 태양전지를 제작하는데 얼마가 들어가느냐 하는 점도 고려해야 한다. 아무리 효율이 높은 태양전지라도 제작비가 너무 높으면 실용성이 없는 것이고, 반대로 효율이 비교적 낮더라도 제작비가 저렴하면 경제성이 있는 것이다. 아직은 어느 한 가지가 경제성 면에서 확실히 우월하다는 점이 입증되지 않았기 때문에 현재 여러 가지 물질과 형태의 태양전지가 연구되고 있다.

⑥ 태양전지의 사양

태양전지의 카탈로그 등에 표시되어 있는 출력값은, 다음과 같은 일정기준에 의해 측정한 값에 표현하고 있다.

• 모듈온도 : 25℃　　• 분광분포 : AM 1.5　　• 방사조도 : 1,000W/㎡

㉠ 모듈온도

태양전지 모듈은 온도가 상승하면 발전전압이 내려간다. 또 차가와지면 발전전압이 올라가는 특성을 갖고 있다. 이 때문에 태양전지의 사양을 정함에 있어서 일정온도로 측정하지 않으면 비교가 되지 않는다. 따라서 25℃를 기준상태로서 출력특성을 표시하고 있다.

㉡ 분광분포

어떠한 파장분포 빛을 충당하는지를 규정하고 있다. 태양광은 대기권을 통과하는 것보다 대기 중의 오존이나 수증기 등에 의해 빛의 일부가 흡수된다. AM(Air Mass)이란 대기 통과량을 말하는 것으로, AM 1.0이란 빛의 입사각이 90도(바로 위)부터 입사한 빛을 의미하고, AM 1.5는 그 통과량이 1.5배(입사각 41.8도)에서의 도달광을 나타내는 것을 의미한다.

그림 2-22 분광분포

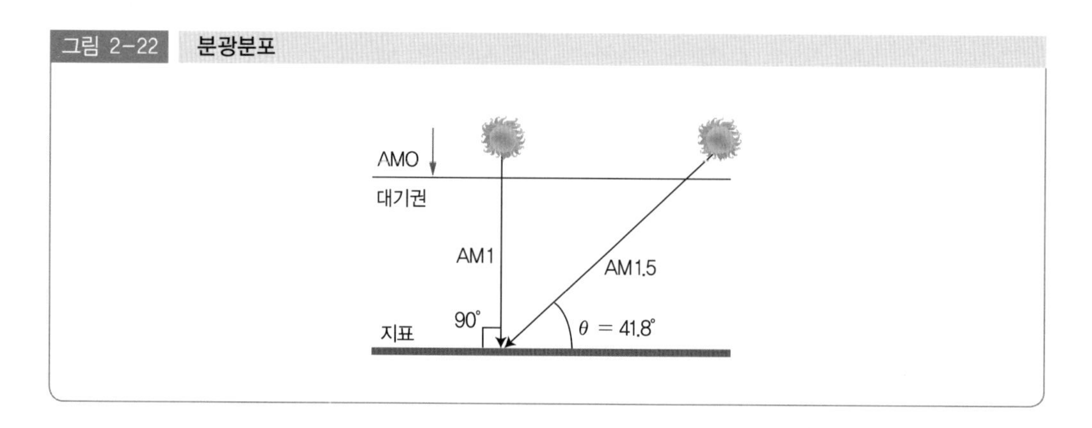

㉢ 방사조도

1㎡당에 도달하는 태양광에너지의 질김을 나타내는 것으로 단위는 W/㎡를 사용한다. 대기권 외에서는 대체로 1,400W/㎡ 정도가 되는데 대기를 통과해 지표에 도달하면 1,000W/㎡ 정도로 되는데 이 1,000W/㎡라고 하는 값을 방사조도의 기준상태로 한다.

㉣ 태양전지의 출력특성

일반적으로 태양전지의 출력은 그림과 같이 발생하는 전압과 전류의 상관관계 곡선에 표현한 것으로 태양전지에 발생하는 전압은 그 태양전지의 특성에 의해 값이 정해진다.

그림 2-23 전압 - 전류(I-V) 특성 곡선

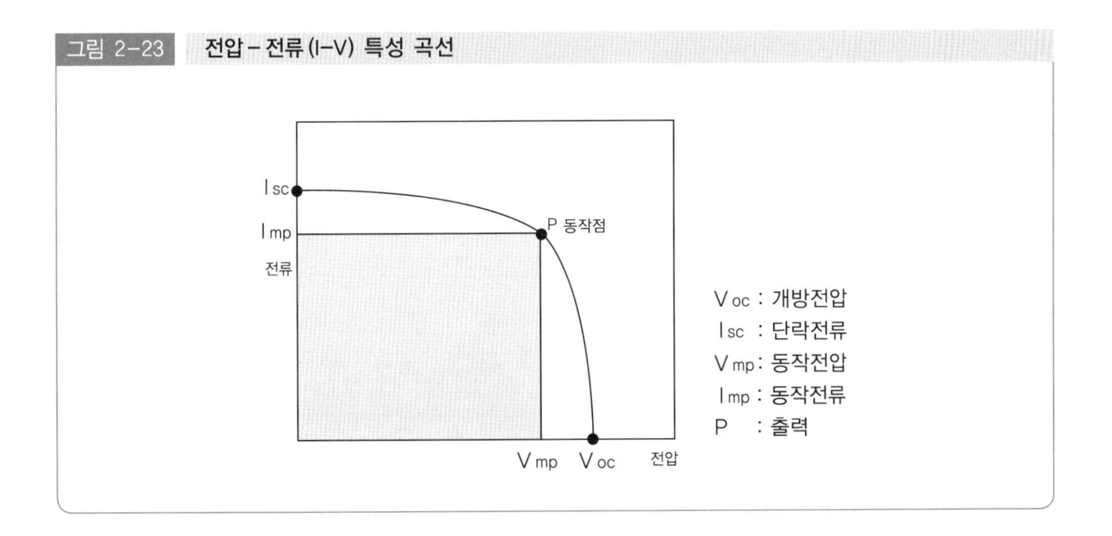

- 개방전압(Voc)

  태양전지에 아무것도 연결하지 않는 상태로 태양전지의 양단에 발생하는 전압을 나타낸다.

- 단락전류(Isc)

  태양전지의 양단을 Short하게 한 상태로 Short한 전류를 표시한다.

- 동작점(P)

  태양전지부터 출력을 꺼내기 위해서 설정된 전압에 대해 발생하는 전류가 정해진다.

  이 때의 전압, 전류의 점을 동작점이라고 한다.

- 태양전지의 최대출력점

  태양전지의 출력은 Imp와 Vmp의 원점을 잇는 면적(위 그림의 그레이 부분)으로 나타내는데 태양전지를 효율적으로 사용하기 위하여 그레이 부분의 면적을 최대로 하는 Imp와 Vmp를 설정할 필요가 있다. 또 태양전지의 출력이 최고가 되는 동작점을 최적 동작점(이때의 출력을 최대출력 : Pmax, 전압을 최적동작전압, 전류를 최적동작전류)이라고 한다.

- 태양전지의 온도특성

  태양전지 모듈은 외부기온이나 일조에 의해 모듈온도가 상승하면 발전전압이 내려가는 특성을 갖고 있다. 그 저하율은 태양전지의 물성에 따라 다르지만 결정계에서는 1℃ 온도가 상승하면 약 0.4% 저하된다. 그 때문에 태양전지를 설치할 때는 가능한 온도가 상승하지 않도록 배려하여야 한다.

그림 2-24 태양전지의 온도특성

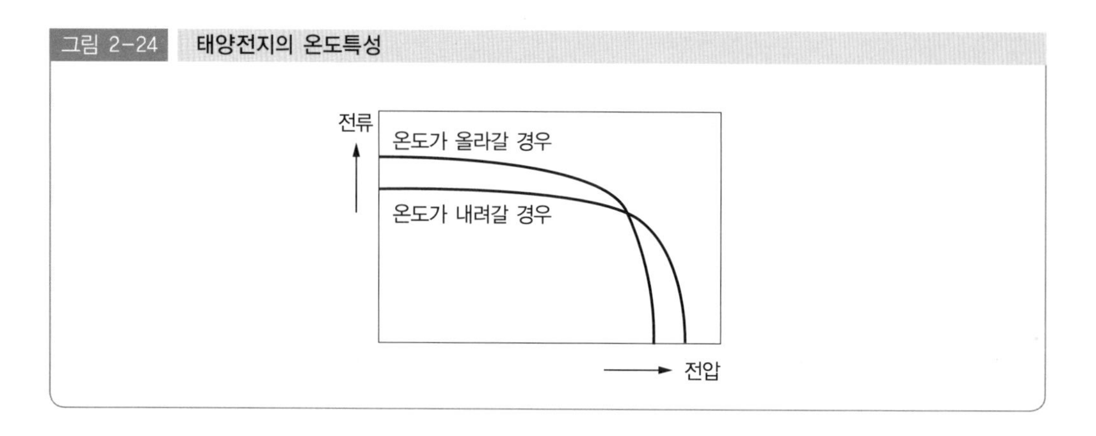

• 태양전지의 방사조도 특성

광면의 방사조도가 변화하면 그 질김에 비례해 발생전류가 변화하고 게다가 동반하여 출력전력도 변화한다. 방사조도는 날씨에 따라 크게 변하며 태양전지의 설치방향이나 설치각도에 의해 광면에서의 방사조도도 바뀐다. 그 때문에 태양전지가 최적으로 동작할 수 있도록 설치상태도 배려해야한다.

그림 2-25 태양전지의 방사조도 특성

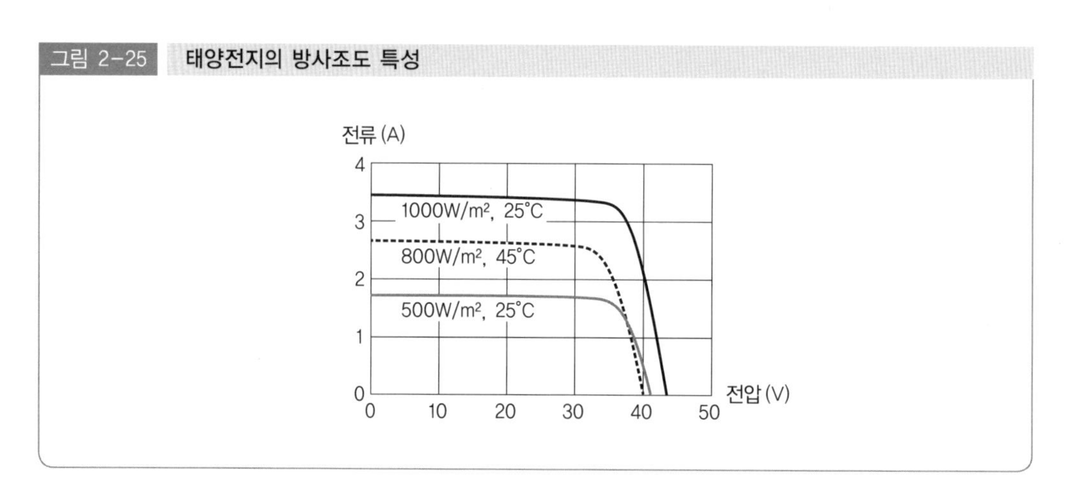

체크포인트

1. 주택용 태양광발전시스템을 설치 시의 기초지식

(1) 주택용 태양광발전시스템을 설치할 때의 사전 확인사항

① 어떠한 형상의 지붕인지?

•기와형태의 지붕 •스트레이트형 •아치형 지붕 •아스콘형 지붕

② 지붕의 치수나 크기는?

- 넓이 : 27.5㎡ •치수 : 3m × 4.5m × 2면

③ 어느 정도의 발전용량이 필요한지?

- 약 1.5kW

④ 설치장소나 방위, 지붕의 경사도는?

- 장소 : 서울 •방위 : 정남 •경사각 : 30°

⑤ 계통연계하는 경우 접속하는 전원사양은 어떻게 되고 있는지?

- 220V 단상2선식 저압 수전 •220V 3상4선식 저압 수전

(2) 지붕형상에 알맞은 태양전지 모듈

- 기와형태의 지붕 : 평판 탈착식 태양전지 모듈
- 스트레이트형과 아치형 지붕 : 지붕재 일체형 태양전지 모듈
- 아스콘형 지붕 : 지붕재 일체형 태양전지 모듈

(3) 태양전지 어레이 구성

모듈의 직렬수와 회로의 병렬수를 결정한다.

- 직렬수 : 12
- 병렬수 : 4(남쪽과 북면을 나눈다)
- 전지용량 : 12 × 4 × 29W = 1392W

① 모듈의 직렬수

모듈의 직렬수는 스트링 구성이라고도 하지만, 병렬이 되는 회로에 대해서 동일하게 한다. 직렬수는 스트링이 발생하는 개방전압이 컨디셔너의 입력가능전압을 넘지 않게 결정해 주어야 한다. 태양전지의 발생전압은 온도에 대해서 특성을 가지고 있다. 사양의 개방전압은 전지온도가 25℃의 값이다. 추운 계절의 새벽에는 기온도 상당히 저하하기 때문에 인버터의 입력최대전압이 90% 이하가 되도록 스트링의 개방전압을 결정하도록 한다. 또한 최대출력 동작전압이 컨디셔너의 최대전력 추종제어의 전압범위 내가 되도록 결정해야 한다.

② 회로의 병렬수/스트링수

직렬수와 병렬수는 정수로 할 필요가 있다. 태양전지의 설치에 있어서 지붕설치도면에 근거해 태양전지의 배치를 실시하지만 동일 스트링 내의 태양전지는 동일 방위의 지붕면의 경사를 맞추어 가능한 한 설치한다.

(4) 전기용품의 선정

① 접속상자

- 병렬수에 맞는 회로수가 필요하게 된다. 회로수가 적은 경우는 표준의 것을 사용해 병렬수에 맞는 접속상자의 수량을 생각한다.
- 표준회로수는 5, 6, 8, 10, 12 등이며 회로수가 많은 경우는 거기에 맞는 접속상자도 준비할 수 있다. 용량이 대규모여서 회로수가 매우 많아지는 경우는 배선처리 상 접속상자의 분산배치가 유리하게 된다. 전기공사를 감안해 종합적으로 결정한다.
- 병렬수가 4일때 회로수는 4이므로 접속상자는 최소회로수의 5를 선정한다.

② 인버터

태양광발전시스템에서 만들어지는 전기는 직류(DC)전기이다. 이 전기로 우리가정에서 사용하는 교류(AC) 220V용 전기제품을 사용하거나, 계통(전력회사)으로 전기를 판매하려면 DC-AC 인버터를 필히 사용해야한다.

DC-AC 인버터는 크게 정현파 인버터와 유사정현파 인버터로 구분한다.

㉠ 정현파 인버터 (Pure Sine Wave Inverter)

출력파형이 계통(한국전력)에서 일반가정에 공급되는 전기의 파형을 정현파라고 부르며 이 파형의 전기는 가정에서 사용하는 교류 전기제품을 모두 사용할 수 있다. 독립형 태양광발전시스템이나 측정기기, 의료기기, 통신기기, 음향기기, 형광등, 컴퓨터 등 고가 정밀기기의 사용에는 정현파 인버터를 선택하여야 한다.

㉡ 유사정현파 인버터 (Modifide Sine Wave Inverter)

정현파와 비슷하지만 파형의 왜곡에 있어서 정격출력에 도달하면 파형이 찌그러지는 현상이 생겨 서지가 발생되고 잡음과 화상 노이즈 현상이 발생한다. 변형된 파형이기 때문에 민감한 전자제품은 사용을 피하는 것이 좋으며 이 파형으로 사용할 수 있는 제품은 파형에 민감하지 않는 모터류, 전등, 전열기구 등에 사용한다.

그림 2-26 정현파와 유사정현파

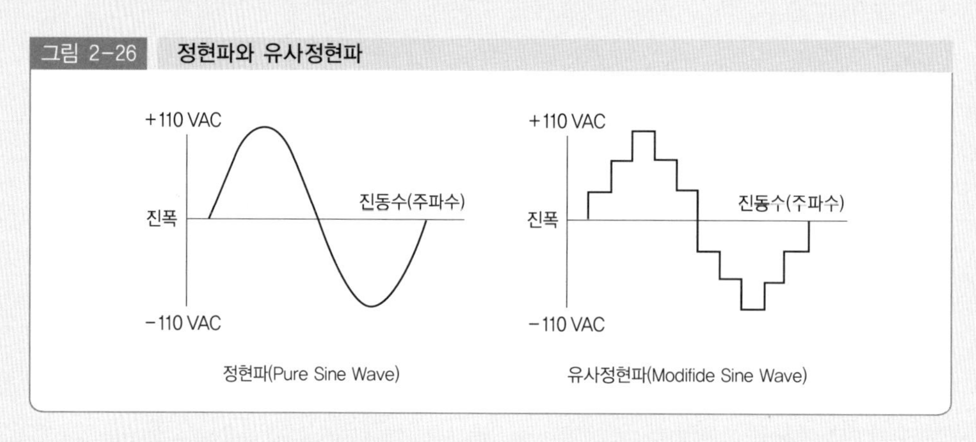

㉢ 인버터의 용량선정 방법

- 먼저 위의 내용에 따라 파형을 선택한 후 용량을 선정한다.

  인버터의 제품의 사양서를 보면 일반적으로 용량이 OUTPUT POWER(PEAK POWER RATING, SURGE POWER)라는 표시와 OUTPUT POWER CONTINUOS(CONTINUOS OUTPUT POWER)라는 표시가 있다.

  OUTPUT POWER CONTINUOS(CONTINUOS OUTPUT POWER)는 인버터에 부하를 연결하여 30분 이상 견딜 수 있는 정격출력용량의 표시이며 OUTPUT POWER(PEAK)의 50% 정도이다.

- 반드시 정격출력용량 이하의 전기제품을 사용해야 인버터가 과전류 및 과열에 의한 고장이 일어나지 않는다.
- 또 하나 유의사항은 인버터의 효율을 꼭 감안하여 선정하여야 한다. 인버터의 효율은 회사별로 차이가 나며 제품 사양서에 표시되어있다(80~90%).

예 인버터 용량선정

• 전원 : DC 12V • 부하 : 220V, 100W LED 전등 • 인버터 효율 : 85%

상기 조건으로 사용하는 경우에 인버터 정격출력용량은?

인버터 정격출력용량 = 100W / 0.85
= 118W

이 제품에는 정격출력용량 118W 이상의 인버터를 사용해야 한다.

(5) 전기용품의 배치 및 배선 방법

① 전기용품의 배치방법

- 전기용품은 장래의 보수를 생각해 점검하기 쉬운 곳에 설치한다.
- 접속상자는 모듈의 근처에 인버터는 접속상자의 근처 또는 전기실에 설치한다.

② 전기용품의 배선방법

- 스트링을 구성하는 모듈사이의 배선은 모듈에 부속되어 있는 첨부서랍 케이블로 간단하게 할 수 있지만, 스트링으로부터 접속상자까지의 배선은 물건마다 바뀐다.
- 스트링으로부터 접속상자까지의 배선루트 및 배선방법(배선락크, 전선관 등)을 건물의 구조나 사양에서 정하고 규칙접속 케이블의 사양도 선정한다.
- 접속케이블의 표준길이 : 25m, 50m, 75m

③ 모듈의 접지공사

- 모듈에는 접지를 하여야 한다. 회로전압에 의해 접지종류를 결정한다.
- 400V 미만의 회로 : 제3종접지(접지저항 100Ω 이하)
- 400V 이상의 회로 : 특별제3종접지(접지저항 10Ω 이하)
- 별도 준비되어 있는 접지모선으로부터 접지선을 연장하여 인버터, 접속상자, 모듈의 접지를 실시하기 위해 접지선의 루트, 길이를 결정한다.

(6) 발전량의 추정

발전량은 태양전지의 용량, 설치조건, 일사조건으로부터 다음의 식을 이용해 추정한다.

$$Ep = Pas \times Ha \times K$$

① Ep : 1일당의 발전량(kWh/d)

- 월간, 연간의 발전량은 월간, 연간으로 변환할 필요가 있다.
- 월간이라면 매월 평균 일사량은 다르므로 해당 월의 일사량을 이용해 1일의 발전량을 요구해 거기에 그 달의 월간일수로 환산한다.
- 연간이라면 매월 발전량을 요구 적산할지 연간평균 1일의 일사량으로부터 발전량을 요구해 연간일수로 환산한다.

② Pas : 표준상태에 있어서의 태양전지 어레이 출력(kW/㎡)

- 표준상태 : AM 1.5, 일사강도 1kW/㎡, 태양전지 셀 온도 25℃

③ Ha : 1일 어레이 면의 일사량(kWh/d)
- 어레이 면의 1일 일사량은 지점, 방위각, 경사각, 기후 등으로 바뀐다.
- 방위각은 15도 단위, 경사각 10도 단위로 매월, 각 계절, 연간의 단위면적당의 1일 평균의 일사량이 나타나고 있다.

④ K : 종합설계계수

종합설계계수는 다음의 요소로 정해진다.
- 직류보정계수 : Kd

  셀 표면이 오염되고 일사강도 변화에 의한 손실보정, 셀의 특성 차이에 의한 보정 등이 포함.
- 온도보정계수 : Kt

  셀이 일사, 주위온도에 의해 변환효율이 변화하기 위한 보정.
- 인버터 효율 : η

  인버터 효율은 메이커에 의해 약간 다름.

예 발전량 추정계산
- 남쪽 연간 평균 일사량

  서울의 방위 정남으로 경사 30도 3.74kWh/㎡d (NEDO의 일사 데이터로부터)
- 남면 연간 발전량 Eys = 0. 696kW × 3. 74 × K × 365d

  = 726. 8kWh

  단, K = 0. 85 × 0.9(인버터효율)
- 북면 연간 발전량 Eyn = 남쪽의 65%

  = 472. 4kWh

∴ 힙게 연간 빌진량 Eyt = 726.8 + 472. 4

= 1199. 2kWh/y

2. 태양전지 모듈 관련 용어

- **최대출력**(Maximum Power : Pm 또는 Pmax) : 전류, 전압 특성에서 전류와 전압의 곱이 최대인 점에서의 태양광발전 장치의 출력.(W)
- **최대전압**(Maximum Power Voltage : Vmp) : 최대출력에 해당하는 전압, 즉 출력점의 전압값.(V)
- **최대전류**(Maximum Power Current : Imp) : 최대출력에 해당하는 전류, 즉 최대출력점의 전류값.(A)
- **개방전압**(Open Circuit Voltage : Voc) : 회로가 개방된 상태로 무한대의 임피던스 상태에서 빛을 받았을 때, 태양전지 양단에 걸리는 전압(V)
- **단락전류**(Short Circuit Current : Isc) : 회로가 외부저항이 없는 단락상태에서 빛을 받았을 때 나타나는 전류(A)
- **변환효율**(Conversion Efficiency) : 태양전지의 최대출력(Pmax)을 발전하는 면적(태양전지 면적 : A)과 규정된 시험조건에서 측정한 입사 조사강도(Incidence irradiance : E)의 곱으로 나눈 값을 백분율로 나타낸 것으로서 %로 표시한다.

변환효율 = 최대출력(Pmax) / (태양전지 모듈의 전체면적(At) × 조사강도(E) × 100%

(2) 변압기(Electric transformer, 變壓器)의 선정

1) 변압기의 의의

변압기란 전자기유도현상을 이용하여 교류의 전압이나 전류의 값을 변화시키는 장치로서 전력회사에서 수용가로 공급할 때 송전효율을 높이기 위해 승압하거나 송전해준 전력을 수용가가 사용할 전압에 맞게 강하시키기 위해 사용하는 전기설비에 가장 중요한 기기이다.

변압기의 주요 구성부는 권선, 철심, 외함, 부싱, 콘서베이터(conservator, 절연유 열화방지장치) 등이다.

2) 변압기의 종류

① 상수에 의한 분류

- 단상변압기
- 3상변압기

② 냉각방식에 따른 분류

- 유입변압기 : 절연유가 담긴 탱크 속에 권선을 담근 구조로 제작된다. 가격이 저렴하며 제작하기 쉽기 때문에 소용량에서 대용량까지 널리 사용된다.
- 건식변압기 : 절연유 대신 고체 절연체를 사용하여 절연을 유지한다. 화재예방을 위해 건물에 사용하였다. 소용량 강압용 변압기에 주로 사용된다.
- 몰드변압기 : 고압 및 저압 권선에 에폭시로 몰드한 방식의 변압기이다. 난연성, 무보수화, 에너지절약 등의 이점이 있지만 인출부 절연과 방열의 문제로 고전압 대용량화가 어렵다.

③ 내부구조에 따른 분류

- 내철형(Core Form Transformer) : 동심배치, 절연용이, 대전압변압기
- 외철형(Shell Form Transformer) : 교호배치, 누설자속 소, 대전류변압기

그림 2-27 내철형과 외철형

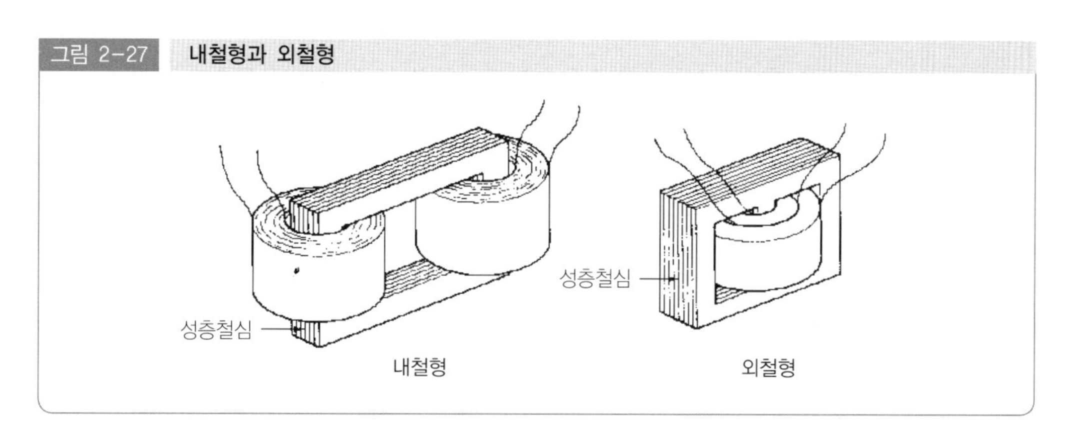

3) 변압기 손실과 효율

변압기는 전기기기 중에서 가장 효율이 좋은 기기인 반면(98%이상) 항상 가동되고 있기 때문에 가장 손실이 많이 생기는 기기이기도 하다. 따라서 약간의 손실향상만으로도 전력손실에 주는 파급효과가 크므로 고효율 선정 및 전력에너지 절약에 중점을 두어서 운영할 필요가 있는 기기이다.

① 변압기의 손실

부하전류의 대소에 관계없는 무부하손과 부하전류에 관계되는 부하손이 있다.

㉠ 무부하손 : 철심 중의 히스테리시스손이나 와전류손, 즉 철손과 여자전류에 의한 저항손과 절연물 중의 유전체손이 있지만 그 대부분은 철손이 점유하고 있다.

㉡ 부하손 : 부하전류에 의한 권선 중의 저항손 즉 동손과 누설자속에 의한 권선, 조임금구, 외함 등에 발생하는 표유 부하손이 있지만 대부분은 동손이 점유하고 있다.

㉢ 전손실 : 변압기의 손실에서는 철손 Wi와 동손 Wc 이외의 손실은 매우 작기 때문에 일반적으로 이 두 개의 손실을 가지고 변압기의 전손실로 간주한다.

㉣ 대책

- 동손 감소대책 : 동손의 권선수 감소, 권선의 단면적 증가
- 철손의 감소대책 : 저손실 철심재료, 고배향성 규소강판, 아몰퍼스 변압기 사용(부피커짐), 철심구조 변경

② 변압기 효율

임의의 출력에 있어서의 효율은 다음과 같다. 단 부하손은 75℃로 환산한 것이다.

$$\eta = \frac{\text{출력}}{\text{입력}} = \frac{\text{출력(W)}}{\text{출력(W)} + \text{부하손(Wc)} + \text{두부하손(Wi)}} \times 100(\%)$$

변압기의 효율은 [그림 2-28]의 그래프와 같이 부하율에 의해서 변화한다. 부하율에 관계없이 일정한 무부하손과 부하율의 제곱에 비례하는 부하손이 같게 되었을 때 최고효율이 된다. 최고효율이 되는 부하율은 보통 변압기에서는 약 40~60%이다.

배전용 주상변압기 등은 부하의 변동이 크고 전부하 부근에서 사용하고 있는 것은 짧은 시간 동안이며 경부하 또는 무부하의 상태에서도 철손은 항상 소비하고 있다.

이와 같은 변압기에서는 보통의 효율 이외에 1일 중의 총합(總合)출력과 입력의 관계를 나타내는 전일효율을 고려한다.

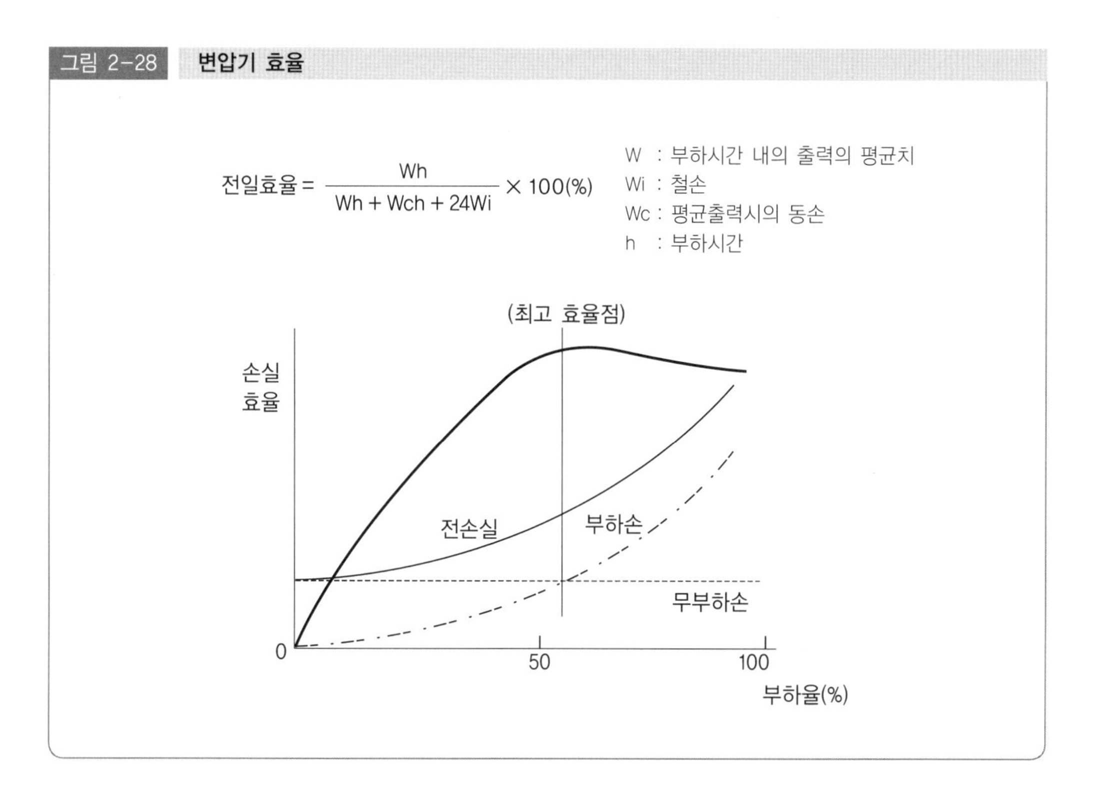

그림 2-28 변압기 효율

③ 변압기 최대효율 운전조건 산출

변압기에서 최고효율 운전조건을 산출하는 것은 위 그림에서 손실이 최소가 되는 부하율을 찾는 문제로, 위 그림에서 이것을 찾는 조건은 η_{max}는 $\frac{d}{dm}\eta=0$ 되는 조건이다. 즉 위 그래프에서 부하율에 대한 미분방정식이 0이 되는 조건을 찾으면 된다.

$$\frac{d}{dm}\eta = \frac{d}{dm}\ \underbrace{\frac{(mP_0\cos\theta)}{x}}\ \frac{(mP_0\cos\theta+W_4+m^2W_C)^{-1}}{y} = 0$$

미분방정식의 미분방법은

(xy)´=x´y + xy´이므로 이를 이용하여 위 식을 부하율에 대해서 미분하면

$$\frac{d}{dm}\eta = \frac{d}{dm}(mP_0\cos\theta)(mP_0\cos\theta+W_i+m^2W_C)^{-1} = x'y+xy'$$

$$= P_0\cos\theta(mP_0\cos\theta+W_i+m^2W_C)^{-1}$$

$$-mP_0\cos\theta(mP_0\cos\theta+W_i+m^2W_C)^{-2}\times(P_0\cos\theta+2mW_C)=0$$

그러므로 위 식을 잘 정리하면,

$$\frac{mP_0\cos\theta}{mP_0\cos\theta+W_i+m^2W_c} = \frac{mP_0\cos\theta(P_0\cos\theta+2mW_c)}{(mP_0\cos\theta+W_i+m^2W_c)^2}=0$$ 는 아래식으로

$$\frac{mP_0\cos\theta}{mP_0\cos\theta+W_i+m^2W_c} = \frac{mP_0\cos\theta(P_0\cos\theta+2mW_c)}{(mP_0\cos\theta+W_i+m^2W_c)^2}=0$$ 이식의 양변을

$(mP_0\cos\theta+W_i+m^2W_c)^2$ 으로 곱하면,

$$P_0\cos\theta(mP_0\cos\theta+W_i+m^2W_c) = mP_0\cos\theta(P_0\cos\theta+2mW_c)$$
$$(mP_0\cos\theta+W_i+m^2W_c) = (P_0\cos\theta+2mW_c)$$
$$mP_0\cos\theta+W_i+m^2W_c=mP_0\cos\theta+2m^2W_c$$

그러므로 이 식을 정리하면

$$W_i+m^2W_c=2m^2W_c$$
$$\therefore\ W_i=m^2W_c \Rightarrow m^2=\frac{W_i}{W_c} \Rightarrow m=\sqrt{\frac{W_i}{W_c}}$$

즉 부하율 m이 $m=\sqrt{\frac{W_i}{W_c}}$ 되는 조건을 만족하는 변압기의 평균부하율로 운전할 때 변압기에서 가장 작은 손실이 야기된다.

그러므로 가급적 부하손과 무부하손이 같도록 운전하는 것이 유리하며 변압기마다 틀리지만 대략 변압기는 75% 정도에서 가장 효율이 좋다. 그러나 그렇지 않은 경우도 많으므로 제작 시 이것을 검토해보는 것이 좋다.

체크포인트

변압기 효율 1

실측효율 : 입력, 출력의 실측값으로부터 계산

$$\textbf{실측효율} = \frac{\text{출력의 측정값}}{\text{입력의 측정값}} \times 100[\%]$$

규약효율 : 일정한 규약에 따라 결정한 손실값

$$\textbf{규약효율} = \frac{\text{출력[kW]}}{\text{출력[kW]} + \text{손실[kW]}} \times 100[\%]$$

$$= \frac{\text{입력[kW]} - \text{손실[kW]}}{\text{입력[kW]}} \times 100[\%]$$

변압기 효율 2

전일효율 : 부하가 변동할 경우 효율을 종합적으로 판단할 때에 사용

$$\textbf{전일효율} = \frac{\text{1일간의 출력 전력[kW]}}{\text{1일간의 출력 전력량[kW]} + \text{1일간의 손실 전력량[kW]}} \times 100[\%]$$

$$= \frac{P_d}{P_d + (P_i \times 24) + P_{cd}} \times 100[\%]$$

여기서, P_d : 1일 중의 출력 전력량[kWh]

P_i : 변압기의 철손[kW]

P_{cd}: 변압기의 동손(1일중의 손실전력량)[kW]

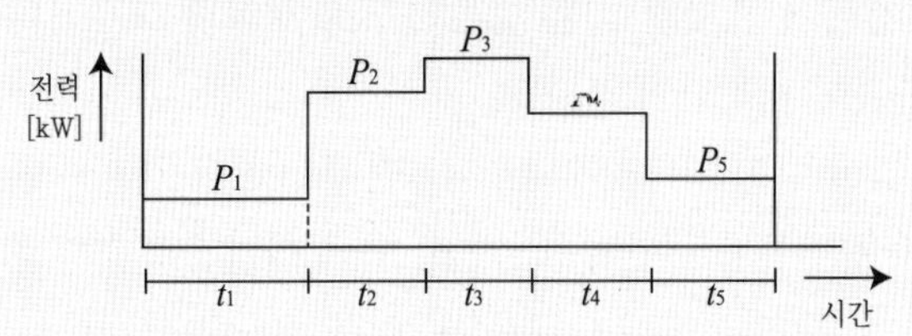

1일간의 출력 전력량 $P_d = P_1t_1 + P_2t_2 + P_3t_4 + P_4t_4 + P_5t_5$[kWh]

변압기 효율 3

손실전력량은 부하와 관계없이 일정한 철손 전력량과 부하의 제곱에 비례하는 동손 전력량이 있음. 철손을 Wi[kW], 전부하 동손을 Wc[kW], 변압기의 정격 용량을 P([kW]=kVA(역률이 1.0일 경우)라고 하면 1일(24시간)의 손실 전력량은

$$\textbf{철손 전력량}\ \ P_{id} = W_i \times 24[\text{kWh}]$$

$$\textbf{동손 전력량}\ \ P_{cd} = W_c\left[\left(\frac{P_1}{P}\right)^2 t_1 + \left(\frac{P_2}{P}\right)^2 t_2 + \left(\frac{P_3}{P}\right)^2 t_3 + \left(\frac{P_4}{P}\right)^2 t_4 + \left(\frac{P_5}{P}\right)^2 t_5\right][\text{kWh}]$$

$$\textbf{전일효율} = \frac{P_d}{P_d + P_{id} + P_{cd}} \times 100[\%]$$

※ 주의 : 동손을 계산할 때 변압기의 정격용량은 kVA로 표현해야 함. 가령 역률 0.8의 부하 kW는 8/0.8/10 kVA, 따라서 변압기 용량 10kVA가 이 때의 100% 부하로 됨.

4) 변압기의 결선

① △-△ 결선

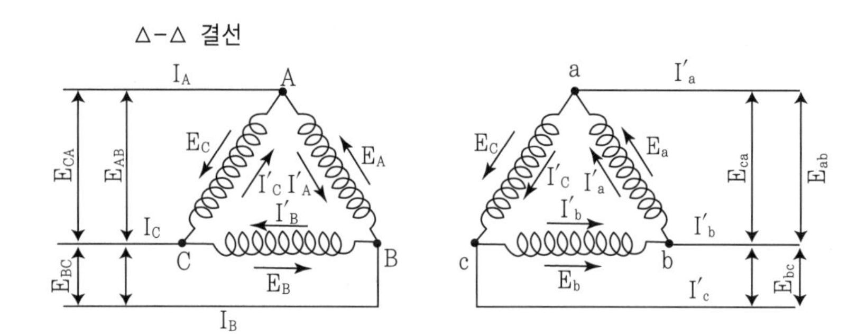

변압기 1차 및 2차 권선이 모두 △결선으로 한 방식이다.

선간전압과 상전압은 크기가 같고 동상이 된다.

선전류는 상전류에 비해 크기가 $\sqrt{3}$ 배이고 위상은 30° 뒤진다.

㉠ 장점

- 제3고조파 전류가 △결선 내를 순환하므로 정현파 교류전압을 유기하여 기전력의 파형이 왜곡되지 않는다.
- 1상분이 고장이 나면 나머지 2대로서 V결선 운전이 가능하다.
- 각 변압기의 상전류가 선전류의 1/ 3이 되어 대전류에 적당하다.

㉡ 단점

- 중성점을 접지할 수 없으므로 지락사고의 검출이 곤란하다.
- 권수비가 다른 변압기를 결선하면 순환전류가 흐른다.
- 각 상의 임피던스가 다를 경우 3상부하가 평형이 되어도 변압기의 부하전류는 불평형이 된다.

② Y-Y 결선

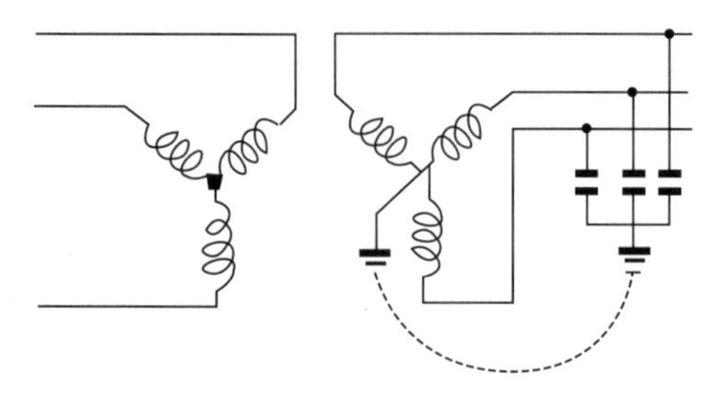

선간전압은 상전압에 비해 크기가 $\sqrt{3}$ 배이고 위상은 30° 앞선다.

선전류는 상전류와 크기가 같고 위상이 동상이 된다.

㉠ 장점

- 1차 전압, 2차 전압 사이에 위상차가 없다.
- 1차, 2차 모두 중성점을 접지할 수 있으며 고압의 경우 이상전압을 감소시킬 수 있다.
- 상전압이 선간전압의 $1/\sqrt{3}$ 배이므로 절연이 용이하여 고전압에 유리하다.

㉡ 단점

- 제3고조파 전류의 통로가 없으므로 기전력의 파형이 제3고조파를 포함한 왜형파가 된다.
- 중성점을 접지하면 제3고조파 전류가 흘러 통신선에 유도장해를 일으킨다.
- 부하의 불평형에 의하여 중성점 전위가 변동하여 3상전압이 불평형을 일으키므로 송, 배전 계통에 거의 사용하지 않는다.

③ Y-△ 결선

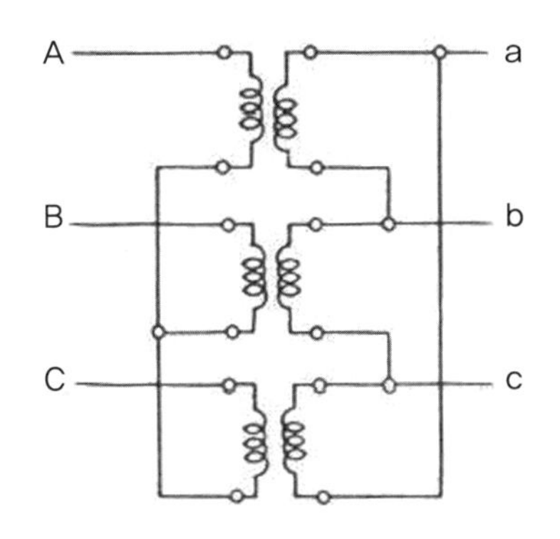

㉠ 장점

- 1차측의 중성점은 접지의 이점이 있다.
- Y결선의 상전압은 선간전압의 $1/\sqrt{3}$ 이므로 절연이 용이하다.
- 1, 2차 중에 △결선이 있어 제3고조파의 장해가 적고, 기전력의 파형이 왜곡되지 않는다.
- Y-△ 결선은 높은 전압을 낮은 전압으로 강압하는 경우에 사용할 수 있어서 송전계통에 융통성 있게 사용된다.

㉡ 단점

- 1, 2차 선간전압 사이에 30° 의 위상차가 있다.
- 1상에 고장이 생기면 전원공급이 불가능해 진다
- 중성점 접지로 인한 유도장해를 초래한다.

④ △-Y 결선

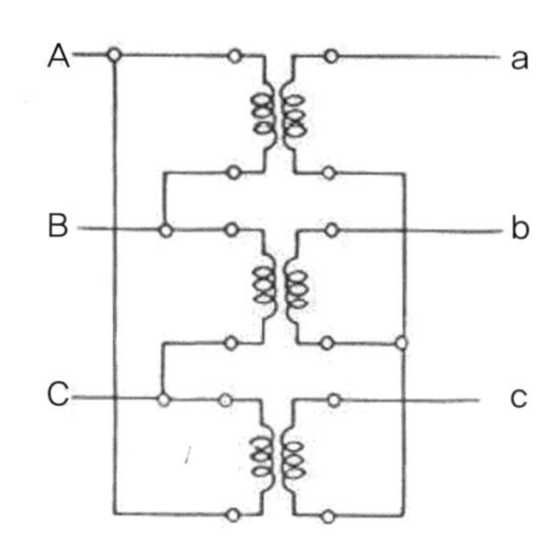

㉠ 장점

- 2차측의 중성점은 접지의 이점이 있다.
- 중성점 대 2차단자 간의 저전압도 이용할 수 있다.
- Y결선의 상전압은 선간전압의 $1/\sqrt{3}$ 이므로 절연이 용이하다.
- 1, 2차 중에 △결선이 있어 제3고조파의 장해가 적고, 기전력의 파형이 왜곡되지 않는다.
- △-Y 결선은 낮은 전압을 높은 전압으로 승압하는 경우에 사용할 수 있어서 송전계통에 융통성 있게 사용된다.

㉡ 단점

- 1, 2차 선간전압 사이에 30°의 위상차가 있다.
- 1상에 고장이 생기면 전원공급이 불가능해 진다
- 중성점 접지로 인한 유도장해를 초래한다.

⑤ V-V 결선

단지 V결선이라고도 말하며 △-△결선의 1상의 변압기를 생략한 경우에 해당된다.

㉠ 장점

- △-△ 결선에서 1대의 변압기 고장 시 2대의 변압기를 3상으로 변성할 수 있다.

㉡ 단점

- 이용률이 0.866으로 떨어져서 3상부하의 $\sqrt{3}$ 배의 변압기 설비용량을 필요로 한다. 또한 출력은 0.557이 된다.
- 부하 시 두 단자전압이 불평형하게 된다.

체크포인트

1. 상전압(Phase voltage)

3상회로의 부하의 접속에는 스타결선과 델타결선 등이 있으나 각 상의 접속방법에 따라 상전압은 다르다. 그림은 스타결선의 경우와 델타결선의 상전압과 선간전압의 관계를 표시하고 있다.

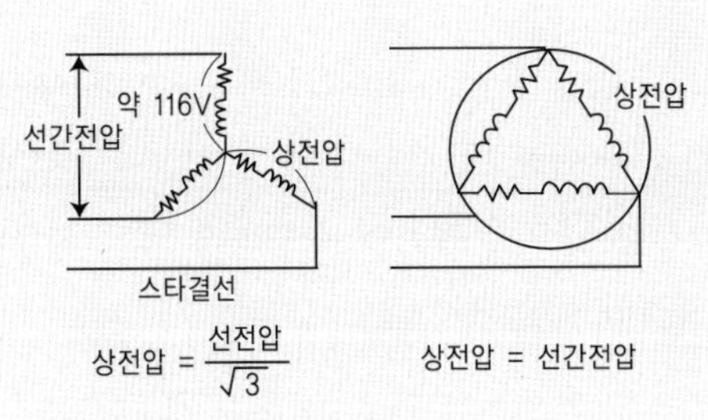

선간전압이 220V라면 상전압은 약 116V

2. 선전류(Line current)

3상회로에 모터 등의 부하를 접속하여 운전할 때 각 선에 흐르는 전류이다. 선전류는 각 상의 부하 밸런스가 잡혀 있으면 각 선으로는 같은 값의 전류가 흐른다.

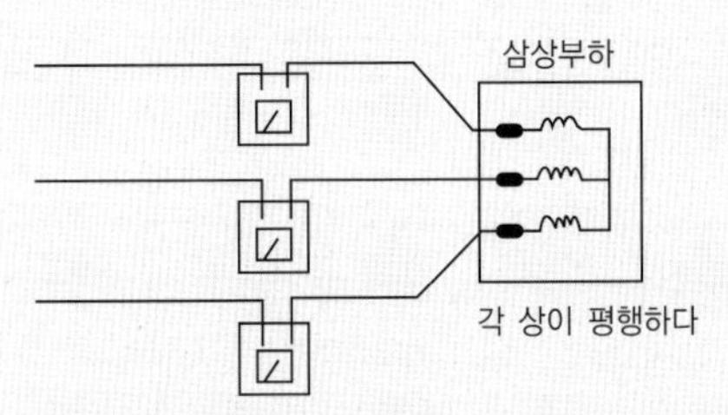

전류계는 선전류를 가리킨다.

3. 벡터그룹

① 3상변압기의 결선과 각 변위를 동시에 표시하는 것

② 고압측과 저압측은 항상 평행벡터 존재

③ 벡터그룹 표기 예 : Yd(n)1

- Y는 star결선을 의미하고 대문자는 고압측 권선
- d는 델타결선이며 소문자는 저압측 권선
- n은 2차측이 중성선 인출방식 의미
- 1은 고압측 벡터에 대해 저압측 벡터가 30도의 몇 배가 지상(lag)인지를 나타낸다(벡터회전은 반시계방향)

(3) 계통연계형 태양광발전시스템의 케이블 선택과 굵기 산정

배선공사의 순서에 따라 태양전지 어레이로부터 인버터까지의 직류 배선공사, 인버터로부터 계통연계점에 이르는 교류 배선공사의 시공방법에 대해 기술한다. 케이블의 굵기를 산정할 때는 케이블의 허용전류, 전압강하, 기계적강도 등을 고려하여 결정해야 한다.

① 케이블 허용전류

전기배선 작업 시 전선 선정에 있어 가장 중요하게 체크해야 하는 것은 허용전류값이다. 허용전류값을 구해 그 값보다 높은 전선을 선정해 주는 것이 바람직하고 전선용량이 적절하지 않으면 전선이 과부하가 되어 전선의 열적경화 현상에 의해 발열로 화재가 발생하게 된다.

② 케이블 전압강하

태양전지 모듈에서 인버터 입력단 간 및 인버터 출력단과 계통연계점간의 전압강하는 각 3%를 초과하지 말아야 한다. 단, 전선의 길이가 60m를 초과하는 경우에는 [표 2-12]에 따라 시공할 수 있다.

표 2-12 전선길이에 따른 전압강하 허용치

전선길이	전압강하
120m 이하	5%
200m 이하	6%
200m 초과	7%

표 2-13 전압강하 및 전선 단면적 계산식

회로의 전기방식	전압강하	전선의 단면적
직류 2선식 교류 2선식	$e = \dfrac{35.6 \times L \times I}{1{,}000 \times A}$	$A = \dfrac{35.6 \times L \times I}{1{,}000 \times e}$
3상 3선식	$e = \dfrac{30.8 \times L \times I}{1{,}000 \times A}$	$A = \dfrac{30.8 \times L \times I}{1{,}000 \times e}$

• e : 각 선간의 전압강하 (V) • A : 전선의 단면적 (mm^2) • L : 도체 1본의 길이 (m) • I : 전류 (A)

③ 케이블의 기계적강도

- 태양전지 모듈 간의 배선은 단락전류에 충분히 견딜 수 있도록 2.5㎟ 이상의 전선을 사용해야 한다.

• 케이블이나 전선은 모듈이면에 설치된 전선관에 설치되거나 가지런히 배열 및 고정되어야 하며, 이들의 최소 굴곡반경은 각 지름의 6배 이상이 되도록 한다.

체크포인트

그림 2-29 태양광전달용 광케이블 단면구조

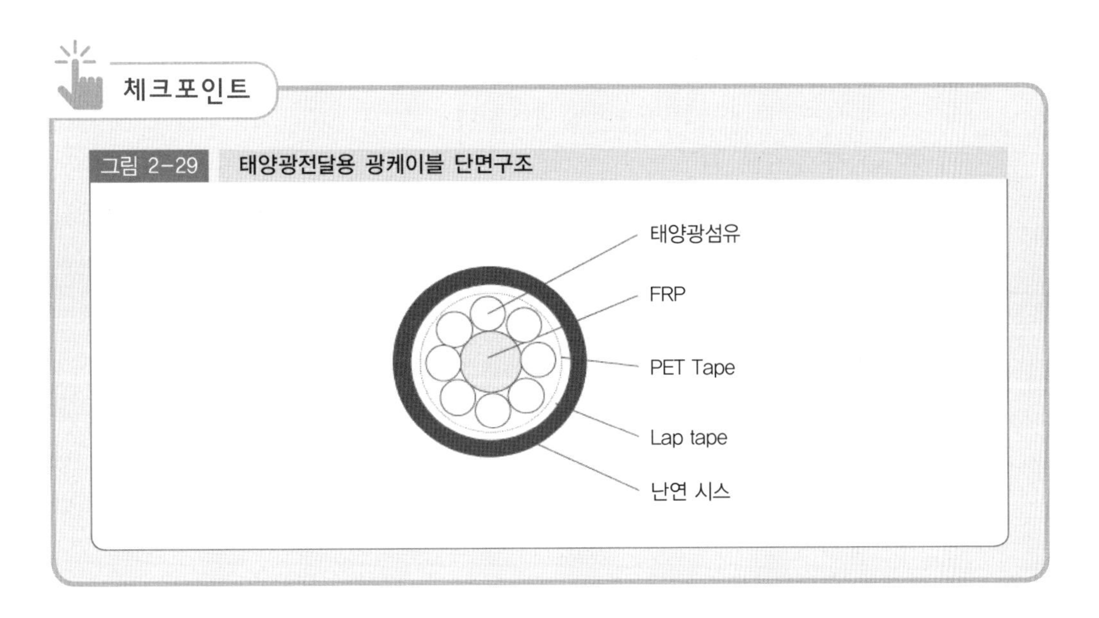

(4) 태양광 어레이 분전반 및 DC 전원차단기의 선택과 크기 산정

1) 차단기 설치

① 태양전지 모듈에 접속하는 부하측의 전로(복수의 태양전지 모듈을 시설한 경우에는 그 집합체에 접속하는 부하측의 전로)에는 그 접속점에 근접하여 개폐기, 기타 이와 유사한 기구(부하전류를 개폐할 수 있는 것에 한한다)를 시설해야 한다.

② 태양전지 모듈을 병렬로 접속하는 전로에는 그 전로에 단락이 생긴 경우에 전로를 보호하는 과전류차단기 또는 기타 기구를 시설해야 한다. 다만, 그 전로가 단락전류에 견딜 수 있는 경우에는 그러하지 아니하다.

2) 사용전압별 차단기 선정

① 차단기에 통전과 절연 외에 중요하게 요구되는 주 역할

• 전력계통의 평상 시 개폐

• 고장의 신속한 선택차단으로 피해의 최소화

• 계통의 유효한 사용

② 고장회로의 조건에 따라 차단기에 요구되고 있는 차단조건

• BTF(Bushing Terminal Fault)

차단기의 부하단자에서 일어난 단자 단락고장을 말하며, 계통의 단락고장 중

가장 가혹한 조건이 된다.

- 진상 소전류 차단

  무부하의 송전선 충전전류나 콘덴서회로의 전류 같은 진상전류를 차단하는 조건이며 충전전류 차단이라고도 한다. 전류차단의 성공여부보다도 차단에 따르는 이상전압의 발생이 문제가 된다.

- 지상 소전류 차단

  무부하의 변압기 여자전류 같은 지상 소전류의 차단을 행하면, 강한 소호능력으로 인해 전류절단을 일으키고 전류의 자연영점 이전에 전류차단을 해하며 회로 인덕턴스로 인해 높은 이상전압을 발생하는 경우가 있다.

- SLF(Short Line Fault)

  단락고장 중 차단기에서 비교적 근거리 선로에서 발생한 것을 말한다. 이 고장전류를 차단하면 차단기와 고장점 사이에 전위의 왕복진동이 생기고, 이석이 과도회복전압의 초기부분에 나타나기 때문에 차단기의 동작책무를 어렵게 한다.

- 탈조차단

  계통이 연계되어 대규모 계통이 되면 차단기 양측에 전원이 존재하게 되는데 양측의 전원이 같은 시기에 어긋날 때 이 차단기에서 계통을 분리할 경우에는 통상단락차단보다 훨씬 큰 회복전압이 된다. 그 값은 통상의 2.5배 정도로 된다.

- 이상지락차단

  차단기를 사이에 두고 그 양측에 서로 다른 상에서 지락이 발생하고 이것을 차단할 경우 회복전압은 상전압의 $\sqrt{3}$ 배(정격전압과 같다)가 된다.

③ 차단기 선정의 표준치

차단기의 선정은 정격전류 및 계산한 단락용량을 기준하여 전기적, 열적, 기계적 강도를 고려하여 여유(일반적으로 단락용량은 계산치의 120~160%)를 두어 선정한다.

(5) 피뢰설비

① 낙뢰나 개폐 서지에 의한 충격성 과전압을 대지로 흘려 전기설비의 절연을 보호한다.

② 충격파 전압이 대지로 방전된 후 계속 흐르는 전류를 차단하여 계통을 정상상태로 유지한다.

③ 이상전압 억제와 속류를 차단한다.

(6) 접지설비

전로 또는 전기기기 금속부분을 대지에 접속한다.

① 기계기구 외함 접지

누전 또는 충전전류에 의한 감전방지

② 발전기 및 변압기 중성점 접지

고장전류나 뇌전류에 대해 기기보호, 고장상태를 감지하여 파급사고 방지, 인축피해 방지

(7) 전기설비의 설계일반

1) 설계의 개념

설계는 계획에 의해 시스템이 선정된 것을 구체화하는 것으로서 전기설비공사에 대하여 구조, 규격, 재료 및 비용 등의 계획을 세워 도면이나 서류에 구체적으로 명시하는 기술적인 작업을 말하며, 전기설비의 설계방향은 다음과 같다.

① 현대 건축물은 단순한 거주목적만으로는 그 기능을 충분히 발휘할 수 없으며, 여러 가지 요소의 기능을 갖는 설비를 포함함으로서 목적을 달성할 수 있다.

② 건축물의 기능 자체가 공간적인 형태나 구조를 넘어서 쾌적한 환경을 창조한 것이며, 이용자의 편리성과 능률향상을 도모하는 방향으로 진행되므로 전기설비의 계획에는 우선 건축의 본질을 추구해야 하고, 동시에 모든 기능 및 환경창조의 중요성 인식과 사회적 요청의 수용, 재난에 대한 대책을 시행한다.

③ 건축물 구내의 전기설비 환경뿐만 아니라 에너지 절약과 정보설비의 도입에서 폐기물의 처리까지 도시기반시설(infra structure)과 밀접한 관계가 있으므로 이에 대한 모든 사항을 설계범위에 포함한다.

④ 전기설비가 건축물에 이상적인 환경조성과 유지관리하는 기술을 전제로 한다면, 그 설비의 내용은 건축물의 목적에 일치시켜야 하는 적합성, 인명과 재산에 대한 안정성, 효율적인 기능발휘를 위한 관리성, 설비비 뿐만 아니라 관리, 유지, 보수에 따른 운전비까지 포함한 경제성과 같은 요소를 고려한다.

2) 설계단계

설계단계는 일반적으로 계획단계와 기본설계 및 실시설계를 시행하는 설계단계로 구분된다.

① 기본계획

㉠ 건축물의 명칭, 용도, 규모 등 건축설계의 요청에 따라 여러 조건을 정리하여 설계조건을 설정하고, 기본계획을 연구하는 것이다.

㉡ 전기설비의 종류 및 방식을 선정해 건축설계 초안작성 이전에 전기설비 공사비의 면적당 개략 값을 건축설계자에게 제시하여야 한다.

㉢ 또한 연면적, 업무내용, 공기조화방식 등의 건축초안을 기본으로 중요 전기설비기기의 추정용량을 산출한다.

② 기본설계

기본설계란 기본계획으로 완성된 건축물의 개요(용도, 구조, 규모, 형상 등)구조계획 등을 설비기능 면에서 재검토하는 것이다. 전기설계자는 기계설비설계자와 함께 건축계획의 시작부터 평면계획에 적극적으로 참가해 전기설비 관련 필요 면적의 확보와 전기설비의 배치(위치)를 결정하여 합리적이고 기능적인 건축계획의 수립에 협력한다.

㉠ 기본설계 순서

- 중요 전기설비 및 기기의 형식, 방식 등을 정하고, 시설장소의 위치, 면적, 유효높이, 바닥하중, 장비 반입경로 등을 검토해 건축설계자와 협의한다.
- 건축계획에 중요 전기설비 기기의 개략배치를 삽입하고, 전기설비 면적의 재확인과 추정공사비의 산출에 필요한 기본도면(계통도, 단선결선도 등)을 작성한다.
- 중요 전기설비기기의 추정용량, 시설면적, 종류, 방식, 건축주의 요망사항 등을 기본으로 하여 안정성, 신뢰성, 기능성, 유지보수성, 확장성, 경제성 등을 검토한다.
- 공사비(예산), 전기설비 등급의 결정, 전기설비 종류와 증감, 공사범위, 공사기간 등을 확인해 발주자와 협의한다.
- 기본설계의 내용은 기본설계도서를 정리하고 발주자에게 제출하여 승인을 받는다.

㉡ 기본설계 도서에 포함되어야 할 내용

- 건축물의 개요

  명칭, 용도, 구조, 연면적, 예정공사기간 등을 기재한다.
- 공사종목 및 그 개요

  수변전, 조명, 동력 등의 전력설비와 정보통신시설, 방송, 텔레비전 공시청 및 종합유선방송, 전기시계 등의 약전설비 중 실시하는 공사의 개요를 기재한다.
- 기본설계 도면 작성방법
  - 공사비의 추정이 가능할 것

- 기본계획 전체가 이해 가능할 것
- 설계종목, 타 분야와의 중요 관련사항이 명시되어 있을 것
- 기타 필요한 실시설계로의 준비가 이루어져 있을 것

• 추정공사비

기본 설계도면을 기초로 개략적인 추정공사비를 공사종목별로 산출한다.

• 관계 관공서 등과의 협의사항

건축담당관청, 소방서, 전력회사, 통신회사 등과 기본적인 단계에서 협의한 내용과 설계자문 등에 관련한 사항을 기록한다.

• 기타사항

- 건축주, 건축설계자, 전기설계자에 대한 설명자료를 첨부한다.
- 제조업자의 견적서 등 추정공사비 산출자료를 첨부한다.
- 기본설계 단계에서는 결론이 구해지지 않는 사항, 실시설계 시에 재검토를 필요로 하는 사항 등을 기재한다.

㉢ 기본설계 성과물

기본설계 성과물은 설계개요서, 기본설계도면, 추정공사비 내역 및 기타의 용량계획서, 시스템 선정 검토서, 협의기록서 등으로 이루어진다.

③ 실시설계

실시설계는 기본설계 도서에 따라 상세하게 설계하여 도면, 시방서 및 공사비 예산서를 작성한다. 이때, 전기설계자는 기본설계 도서에서 결정한 사항에 대해 구체적으로 상세한 부분에 걸쳐 건축의장, 건축구조, 기계설비 등의 관련설계자와 긴밀하게 협조하여 상세한 내용을 결정해야 한다. 경우에 따라서는 앞단계의 결정내용을 조정하거나 수정하면서 검토 및 협의를 진행하게 된다.

㉠ 설계진행

• 전기설비기기는 항상 새로운 것들이 개발되어 각각의 기능과 특성을 갖고 있으므로 기본설계에서 결정되지 않는 것은 물론 중요기기의 용량 등 이미 결정되어 있는 것에 대해서도 다시 비교항목을 설정해 검토한다.
• 실시설계 단계에서는 기본설계 추정공사비를 기초로 설정된 예산범위에서 설계를 진행함과 동시에 설계에 따른 공사가 이루어지도록 정리한다.
• 설계도서의 작성이 완료된 후 공사예산서를 작성한다. 이 공사예산서는 건축주가 공사업자를 결정하기 위한 기준이 되며, 적절한 예산안으로 설계가 이루어져 있는지, 타 공사와의 균형을 어떤지를 판단하는 중요한 역할이 되기도 한다.

㉡ 설계도서의 구성

- 표지 : 공사명칭, 설계자명 및 도면매수 등을 기재한다.
- 목록 : 설계도서를 철한 순서대로 도면번호와 도면명칭을 기재하며, 규모에 따라 생략하거나 표지에 기재하는 경우도 있다.
- 배치도 : 설계대상 건축물, 대지상황, 인접건물, 통로, 구내도로를 기입하며, 전력 인입선로, 전화 인입선로, 외등 등의 구내배선도 포함하여 기입한다.
- 건물단면도 : 단면도에는 기준 지반면, 각층 바닥면, 천장높이 처마높이 등을 기입하며, 피뢰침, TV안테나 등도 포함하여 기입하는 것이 일반적이다.
- 단선접속도 : 분전반, 동력 제어반, 수변전기설비, 자가발전설비 등의 주회로 전기적 접속도를 단선으로 표시해 중요기기의 전기적 위치와 계통을 명확하게 한다.
- 계통도 : 전기설비 종목별로 기능을 계통적으로 도시하며 건축전기설비의 개요를 이해할 수 있도록 한다.
- 배선도 : 조명, 콘센트, 동력, 약전 및 구내통신, 전기방재설비 등으로 구분하여 각 층마다 평면도로 표시한다.
- 기기시방 및 기기배치도 : 기기명칭, 정격, 동작설명, 개략도, 마무리, 재질 등을 표시하고, 기기주변의 배선은 필요에 따라 상세도, 설치도 등으로 표현한다.
- 공사시방서
  - 시방서는 설계도면에 표현이 곤란한 설계내용 및 공사방법을 문장으로 표현한 것으로 그 내용은 공사개요, 지시사항, 주의사항, 사용자재의 지정, 공사범위 등이다.
  - 시방서의 작성은 공사비 견적을 정확히 할 수 있고, 공사에 대한 의심, 도급 계약상 문제점이 생기지 않도록 작성하여야 한다.
  - 공사시방서는 표준시방서를 기본으로 하고, 공사의 특수성, 지역여건, 공사방법을 고려하여 설계도면에 구체적으로 표시할 수 없는 내용과 공사수행을 위한 공사방법, 자재의 성능, 규격 및 공법, 품질시험 및 검사 등 품질관리 등에 관한 사항을 기술한다.

㉢ 실시설계 성과물

실시설계 성과물은 설계도면, 시방서, 공사비적산서, 각종 계산서 기타 협의기록 등으로 이루어진다.

체크포인트

1. 전기설비의 기본설계 순서
   ① 기본계획을 확정한다.
   ② 건축계획 설계도 작성 전에 전기설비에 필요한 면적을 건축설계자에게 제시한다.
   ③ 주요기기의 개략적인 용량을 산출한다.
   ④ 설비실의 위치, 넓이, 높이, 바닥하중, 기기반입 경로 등 설비면적을 재검토하여 건축설계자와 협의한다.
   ⑤ 개략적인 공사비 산출에 필요한 개략도(계통도, 단선접속도)를 작성한다.
   ⑥ 개략적인 공사비를 산출한다.
   ⑦ 주요기기의 개략적 용량, 설비면적, 설비종목, 설비방식, 건축주의 요망사항 등 전반에 걸쳐 안정성, 신뢰성, 기능성, 유지보수, 향후 증설문제, 경제성 등을 검토한다.
   ⑧ 검토사항을 의뢰인(건축주)과 협의한 후 승인을 받는다.

2. 실시설계 순서
   기본설계를 근거로 하여 도면, 시방서 및 공사비 명세서 등을 작성하는 설계
   ① 수변전설비의 개요
   ② 전기공급방식 및 공급전압
   ③ 수전설비 용량
   ④ 특고압 수용가의 수전설비 구성형태
   ⑤ 수변전설비 구성기기의 정격선정

표 2-14 실시설계의 도서내용

종 류		내 용	축 적	도서작성 구분
일반사항	시방서	당해 공사에 요구되는 일반 및 특기 사항을 상세히 기술		○
	공사비내역서	물량산출 및 내역서		
	각종부하계산서	변압기용량, 부하, 조도, 발전기용량		○
	설계설명서			
	도면목록표	도면 목차, 번호등을 알아보기 쉽도록 표기		○
	장비일람표	주요장비의 사양을 표기		
도면	도면목록표	도면목차, 번호 등을 알아보기 쉽도록 표기		○
	인입배치도	전력 배치도	1/100 이상	○
		통신 배치도	1/100 이상	○
		소방 배치도	1/100 이상	○

도면	계통도	전력간선 계통도		
		통신 계통도		
		소방 계통도		
	평면도	전기실 장비설치 평면도	1/100 이상	
		기계실 장비설치 평면도	1/100 이상	
		전력설비 평면도	1/100 이상	○
		조명설비 평면도	1/100 이상	
		통신설비 평면도	1/100 이상	○
		방범설비 평면도	1/100 이상	
		소방설비 평면도	1/100 이상	○
		방송설비 평면도	1/100 이상	
	상세도	조명기구 상세도	1/5 이상	
		설비용 핏트 상세도	1/5 이상	
		피뢰침 상세도	1/5 이상	
		접지설비 상세도	1/5 이상	
		TV안테나 설치 상세도	1/5 이상	

5. 관제시스템 설계

관제시스템 이란 "관리하여 통제하는 시스템"을 말한다.

(1) 방범시스템

태양광발전시스템은 대도시 건축물이나 도시의 한복판에 설치될 수도 있지만, 인적이 드문 산간지방이나 넓은 평야에 설치되는 경우도 많다. 우리나라의 경우 그 동안 시설된 태양광발전설비들을 살펴보면 무인발전소가 그 대부분을 차지하고 있으며, 혹시 관리인 등이 근무한다 하더라도 깊은 밤에는 위험하기 때문에 불법침입자나 고가의 설비의 도난방지를 위한 방범시스템이 필수적으로 요구된다.

방범설비로는 우선 CCTV를 통한 감시방법도 있겠지만, 정문 및 곳곳에 감지장치를 설치하여 2중 3중으로 감시하는 설비를 갖추고 있다. 특히 태양광발전소 준공 시 사설경비업체를 별도로 선정하여 안전과 도난방지를 위한 용역계약을 맺고 있는 발전소가 늘어나고 있다.

1) 도입목적

침입차단, 시설보호 및 관리, 안전사고방지, 재난관리 등의 목적으로 태양광발전시스템의 안전을 확보하도록 한다.

2) 발전소 관리현황

어레이, 수배전반, 기상관측반, CCTV 등을 통신시스템과 연계하여 모니터링 시스템을 통하여 관리한다.

3) CCTV 도입목적

① 대용량 발전소의 넓은 면적의 모듈관리, 화재, 침수 등 안전사고 미연방지, 무인관리를 통한 경비절감, 침입방지, 시설관리 등 효율적 운영을 위한 필수시스템이다.

② 태양광모니터링시스템과 연계하여 효율적 감시를 할 수 있는 인터페이스를 제공한다.

③ 집중감시 및 제한구역 침입탐지, 배회, 월담, 도난물건방치 등을 감시한다.

④ 영상 자동인식기능 및 관리자 통보기능이 있다.

(2) 방재시스템

태양광발전시스템에서 방재설비는 그 주목적이 화재나, 발전소와 관련된 설비 및 건축물 등에서 발생될 수 있는 모든 재난을 방지하는 설비를 말한다.
태양광발전설비에서는 그리 많이 설치하지 않지만 화재관련설비로는 화재의 조기발견과 화재의 자동통보설비인 화재자동통보설비, 비상시에 피난을 유도하거나 원격에서 여러 가지 메시지(조류나 동물들의 침입을 방지하기 위한 설비)를 전달하기 위한 비상스피커설비와 도난 및 불법침입자에 대한 방지설비인 방범설비와 발전설비나 건축물을 뇌해로부터 보호하는 피뢰설비 등이 있다. 그리고 고층건물에 설치하는 태양광발전설비의 경우 항공장애등으로 항공기의 안전비행을 위한 표시설비 등도 포함된다.

1) 뇌에 관해서

태양전지 어레이는 넓은 면적과 주로 옥외에 설치되고 있기 때문에 뇌에 의한 과대한 전압의 영향을 받기 쉬워 태양광발전시스템을 설치하는 지역이나 그 중요도에 맞도록 내뢰대책을 별도로 구성할 필요가 있다.
뇌는 유도뢰와 직격뢰로 나누어 볼 수가 있고, 발생하는 시기에 의해서도 각각 별도로 나누어진다.

① 직격뢰

태양전지 어레이, 저압배전선, 전기기기 및 배선 등에 직접낙뢰 및 그 근방에 떨어지는 낙뢰를 말한다. 직격뢰의 경우는 그 전류 파고치가 15~20kA 이하의 것이 대부분 50%를 차지하고 있지만, 200~300kA 범위의 파고치도 종종 관측되고 있다. 이처럼 에너지가 크기 때문에 직격뢰에 대한 대책은 태양광발전설비에 별도의 피뢰침설비를 하여야 한다.

② 유도뢰

유도뢰에는 정전유도에 의한 것과 전자유도에 의한 것이 있다. 정전유도에 의한 것은 뇌 구름에 따라, 예를 들면 케이블에 유도된 플러스 전하가 낙뢰에 의한 지표의 전하의 중화에 의해서 뇌서지로 된다. 그리고 전자유도에 의한 것은 케이블의 부근에 낙뢰에 의한 뇌전류에 따라 케이블에 유도되어 뇌서지로 된다.

③ 여름뢰와 겨울뢰

뇌에는 일반적으로 여름에 발생하는 여름뢰와 겨울에 발생하는 겨울뢰가 있고 이들은 서로 다른 성질을 가지고 있다.

여름뢰는 대표적인 뇌의 일종이다. 산악지와 평야 혹은 바다와의 경계선, 주위가 산으로 둘러싸인 분지 등에서 온도, 습도가 불연속으로 발생하기 쉽고 따라서 상승기류가 발생하기 쉬운 곳에서 발생하는 소나기구름으로 대표된다. 즉 대류권 가득히까지 퍼지는 높이에서 발생한다.

겨울뢰는 동절기에 기온이 격변할 때 발생하기 쉽다. 겨울의 뇌운은 시베리아에서의 강풍 때문에 길게 뻗치도록 발생하고, 또한 여름뢰에 비해서 파고치는 1,000~수1,000A로 적지만, 계속시간이 1,000배 정도 길고 대지전류 또한 길고 멀리까지 흐르기 때문에 여름뢰에 비해서 넓은 범위까지 그 영향을 미친다.

2) 뇌서지 대책

태양광시스템의 뇌서지 침입경로로서는 태양전지 어레이에서의 침입 이외에 배전선이나 접지선에서의 침입 및 그 조합에 의한 침입이 있다. 접지선의 침입은 주변의 낙뢰에 따라 대지전위가 상승하고 상대적으로 전원 측의 전위가 낮게 되어 접지선에서 역으로 전원 측으로 향해서 흐르는 경우에 발생한다.

뇌서지 등에 의한 피해로부터 태양광발전시스템을 보호하기 위해 사용하는 부품에는 여러 가지가 있으나 크게 피뢰소자와 내뢰트랜스로 분류할 수 있는데 태양광발전시스템에는 일반적으로 SPD(Surge Protective Device, 서지보호장치), 서지업서버, 어레스터 등을 사용한다.

① SPD를 어레이 주회로 내에 분산시켜 설치하고 접속함에도 동시에 설치한다.

② 저압배선과 접지선 등을 통해 침입하는 뇌서지에 대해서는 각 분전반과 접속함 등에 SPD를 설치한다.

③ 뇌의 다발지역에서는 교류전원 측에 내뢰트랜스를 설치하여 보다 완전한 대책을 세운다.

④ 서지보호장치(SPD)의 선정방법

접속함 및 분전반 내부에 설치되는 피뢰소자에는 서지보호장치(SPD)나 어레스터(방전내량이 큰 것)를 선정하고, 어레이 주회로 내에는 서지업서버(SA)나 방전내량이 적은 SPD를 선정한다.

㉠ 어레스터(Arrester)

뇌에 의한 충격성 과전압에 대해서 전기설비의 단자전압을 규정치 이하로 감소시켜 정전을 일으키지 않고 원상으로 복귀하는 장치이다.

㉡ 서지업서버(Surge Absorber)

전선로에서 침입하는 이상전압의 크기를 완화시켜 각각의 파고치를 저하시키도록 하는 장치이다.

㉢ 내뢰트랜스

실드부착 절연트랜스에 어레스터 및 콘데서를 복합적으로 조합한 것으로 뇌서지가 침입한 경우 내부에 있는 어레스터에서의 제어 및 1차측과 2차측간의 고절연화, 실드에 따라 뇌서지의 흐름이 완전하게 차단될 수 있도록 하는 장치이다.

그림 2-30 피뢰소자의 종류

3) 내진대책

태양광발전시스템은 건물의 옥상이나 외벽 또는 옥외 지상에 설치하는 경우가 대부분인데 고가이며 안전하게 시설해야 하므로 내진대책도 매우 중요하다. 강풍은 물론이고 지진발생 시 그 성능에 지장을 주지 않도록 시설하는 것이 매우 중요하다. 강풍이나 지진에 대한 대책에는 내진설계와 면진설계가 있는데 내진설계란 설비자체가 지진에 견딜 수 있도록 설계하는 것을 말하며, 면진설계는 지진파와 건축물 등의 진동이 공진점에 도달하지 않고 피할 수 있도록 설계하는 방법을 말한다. 우리나라의 경우 아직 내진설계나 면진설계에 대한 정확한 한계나 규정이 없어 적용상 곤란한 점들은 있으나, 장기적인 측면에서 태양광발전시스템의 안정적 운전과 사고를 방지하기 위하여 최소한의 범위 내에서라도 사전에 종합적으로 검토되어야 한다.

현재 가정용에 사용되는 가대와 프레임 설치공사는 특별한 적용법규나 규정이 어려우나, 중용량 이상의 태양광발전시스템 설비에서는 구조물의 프레임에 구조계산을 반영하여 설계하고 있다.

4) 방화대책

주택 등의 건물을 건축하는 지역은 위치 및 규모 등에 따라 일정한 방화성능이 요구된다. 따라서 태양광발전시스템도 일정한 방화성능을 갖추어야하며 방화성능기준은 국토해양부가 정한 구조에 준하여 적용되어야 한다.

5) 염해 및 공해 대책

염해가 있는 지역에서는 이종금속접속에 의한 부식이 현저하게 나타나므로 이종금속 간에 절연물을 사용하여 부식이 일어나지 않도록 하는 대책이 별도로 필요하며 중공업지역에서는 금속의 녹, 부식이 심하게 촉진되므로 설계 시에 사전검토가 필요하며 강재는 용융아연처리를 하여 부식이 발생하지 않도록 한다.

체크포인트

1. 태양광발전시스템 시공 시
   ① 추락에 의한 안전대책
   - 복장 및 추락방지 • 안전모착용 • 안전대착용필수
   - 안전화 • 안전허리띠 착용

   ② 감전방지대책
   - 차광막으로 태양광 차폐 • 저압절연장갑 착용 • 절연공구사용 • 강우 시 작업금지

   ③ 체크리스트 활용
   - 배열 및 결선방법 시공전후 확인

④ 자재반입 시 주의사항
- 기중기 붐대 선단이 배전선로 근접 시
- 시공 전 전력회사와 사전협의하여 절연전선 또는 케이블보호관을 씌우는 등 보호조치 실시

2. 자연재해
- 지진피해
- 태풍피해
- 강우피해
- 적설하중피해

3. 인공재해
- 전기실내 화재
- 인버터 화재
- 접속반 화재
- 과전압 과전류에 의한 소손 및 폭발

(3) 모니터링 시스템

1) 태양광발전 모니터링 시스템의 개요

태양광발전 모니터링 시스템은 태양광발전시설의 효율적인 운전지원을 위하여 발전상태를 실시간 감시, 일별, 월별, 연간 데이터 기록 및 이상발생 시 원인분석 등을 할 수 있는 단위, 통합 모니터링 시스템이다. 또한 웹 모니터링 기능은 현장에 가지 않아도 운영상태 파악 및 신속한 유지보수가 가능하다.

2) 도입목적

① 적극적 감시통제 : 즉각 조치 지원시스템
② 실시간 감시통제 : 발전효율 극대화
③ 기상상태에 따른 분석 : 발전량 및 발전시스템 효율
④ 발전시스템 이력관리 : 유지보수 및 운영관리 활용

3) 태양광발전 모니터링 시스템 종류

표 2-15 특징

구 분	종 류	기 능
현 장	Standard Package	태양광발전설비(3/10/20/30/40/50kW)용 표준 운영화면 제공
	Power Package	태양광발전설비 및 전력계통상의 계측설비 운영환경제공, Web 기능(Option) 제공
운영센터	통합 Web Package	각 태양광발전설비(주택/빌딩 등)를 센터에서 Web 환경으로 통합운영 감시

4) 시스템 구성도

① 구성도

태양전지 모듈, 어레이 → 접속반 → 인버터 → 저압반(ACB) → 변압기 → 고압반(VCB) → LBS

② 관리대상 장치

접속반, 인버터, 변압기, 고압반 MOF, LBS, 기상관측장치, 일사량 (수직/수평), 온도, 풍속 CCTV

그림 2-31 단위 태양광발전 모니터링 시스템

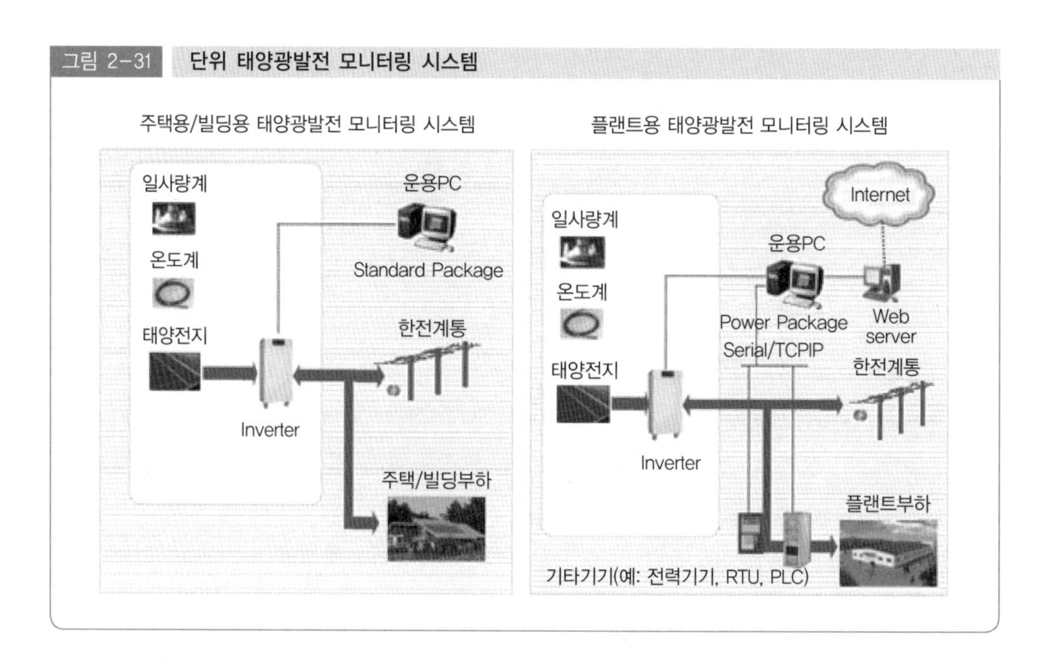

그림 2-32 통합 태양광발전 모니터링 시스템

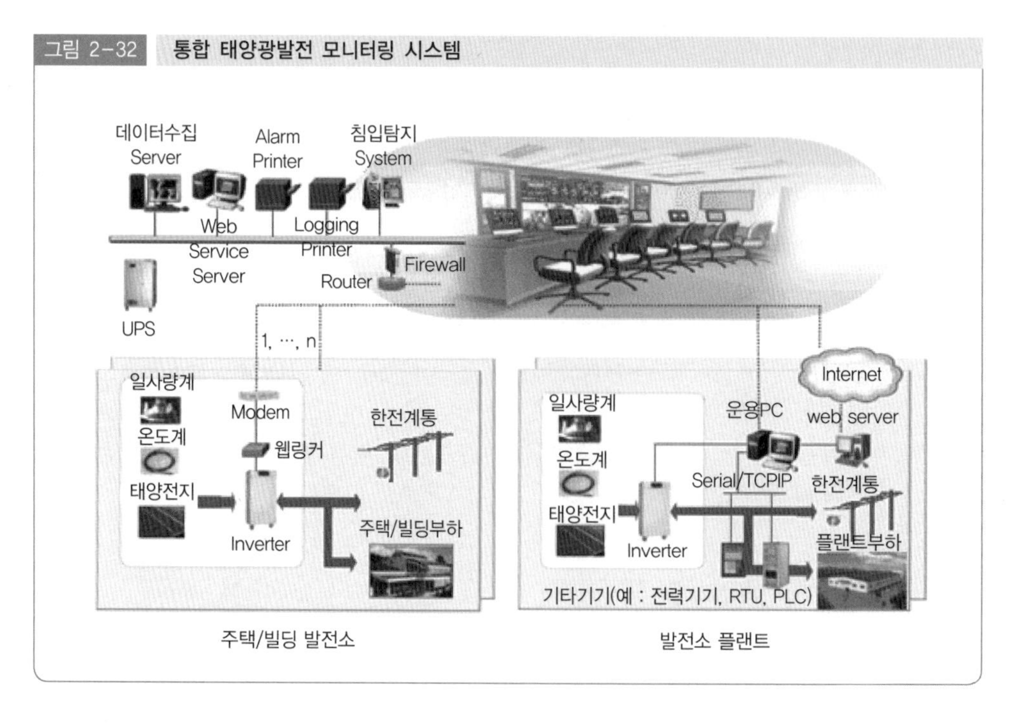

체크포인트

로컬 모니터링 시스템, 웹 모니터링 시스템 비교

로컬 모니터링 시스템	웹 모니터링 시스템
1. PV 시스템 구성도	1. 시스템 계통도
2. 접속반(Module)	2. 장비운전상태
3. 인버터	3. 기상관측정보
4. 계전기(VCB,TR/ACB)	4. DVR 제어감시
5. 제어판 관리	5. 보고서(일일,주간,월간/년간)
6. VCB, ACB, INVERTER, MODULE	6. SMS 전송 리포터

통합 Web 모니터링 시스템(통합 Web Package)

그림 2-33 통합 Web 모니터링 시스템(통합 Web Package)

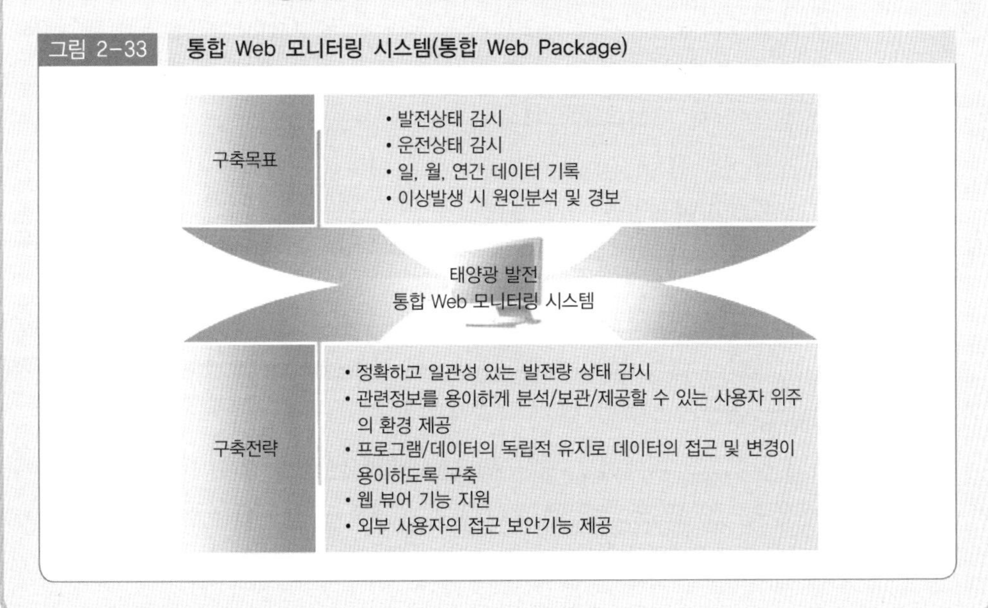

5) 모니터링 설비 설치기준

단위사업별 설비용량기준으로 50kW 이상의 발전설비를 설치하는 경우, 단위시설별로 에너지 생산량 및 가동상태를 확인할 수 있는 모니터링 설비를 다음과 같이 하여야 한다.

① 설비요건

모니터링 설비의 계측설비는 다음을 만족하도록 설치하여야 한다.

계측설비	요구사항	확인방법
인버터	CT 정확도 3% 이내	• 관련내용이 명시된 설비스펙 제시 • 인증 인버터는 면제

② 측정위치 및 모니터링 항목

다음의 요건을 만족하여 측정된 에너지 생산량 및 생산시간을 누적으로 모니터링 하여야 한다.

구분	모니터링 항목	데이터(누계치)	측정항목
태양광	일일발전량(kWh)	24개(시간당)	인버터 출력
	생산시간(분)	1개(1일)	

6) 적용범위

태양광발전설비의 효율적 운영을 위하여, 관리소에 위치한 방재실과 각종 인버터 사이에 통신선을 포설하여 발전설비 전반에 대한 모니터링이 가능토록 하여야 하며 추후 인터넷 연결 시 웹으로 원격감시가 가능하도록 관련설비를 구성하여 시스템의 운영 및 감시, 관리의 용이함을 목적으로 한다.

유지보수 시 이상 유무 파악에 따른 관리에 유리하나 모니터링 시스템 규모에 따른 투자비의 증가가 발생한다.

7) 태양광발전 감시반의 구성

태양광발전 감시반의 구성은 태양전지 지지대 부위에 일사량 2개소, 온도 2개소의 센서를 연결하여 태양전지 접속반을 통하여 인버터 메인 통신부위에 기후조건에 대한 신호를 송출한다.

인버터의 통신보드 내에서는 태양광발전에 대한 발전량, 전류, 전압, 주파수, 역률 등 전기적 특성을 RS232 Port를 통하여 방재실에 위치한 메인 컴퓨터에 각종자료를 보내어 감시 및 측정한다.

8) 감시 및 원격 중앙감시 소프트웨어의 구성

태양광발전시스템의 동작상태, 고장발생 유무, 시스템 종합점검 등을 위하여 아래의 사항을 감시 및 측정할 수 있도록 소프트웨어를 구성하여야 한다.

① 채널 모니터 감시화면

각종 부위의 측정장치를 순시간으로 확인할 수 있도록 실측치를 화면에 표시할 수 있도록 디자인 및 시퀀스를 개발 적용한다.

② 동작상태 감시화면

인버터의 전기적 출력의 최대 최소 범위를 입력시켜 이 범위를 벗어나면 각 설비의 그래프 상에서 색으로 표시하고, 정상 시에는 녹색으로 표현하여 전 시스템의 운전상황의 이상 유무를 파악할 수 있도록 디자인 및 시퀀스를 개발 적용한다.

③ 계통 모니터 감시화면

각종 부위의 측정치를 순시간으로 확인할 수 있도록 시스템 계통도를 디자인하여 시스템 계통도 상에 실측치를 표시할 수 있도록 디자인 및 시퀀스를 개발 적용한다.

④ 그래프 감시화면(일보1)

일 단위별로 경사면 일사량, 태양전지 발전전력, 부하전력 소비량을 표시 할 수 있도록 1일 24시간 그래프로 출력토록 화면구성 소프트웨어를 개발하여 적용한다.

이때, 그래프 우측 상단에 일사량 적산치, 최대치, 발전 적산치, 최대치 및 부하량 최대치, 적산치를 표시할 수 있도록 한다.

⑤ 일일 발전현황(일보2)

일일 시간대별 기상현황(경사면 일사량, 수평면 일사량, 외기온도, 태양전지, 표면온도), 태양전지 발전현황, 부하현황 등을 표시 할 수 있도록 화면구성 소프트웨어를 개발하여 적용한다.

⑥ 월간 발전현황(월보1)

월간 일자별 기상현황(경사면 일사량, 수평면 일사량, 평균 외기온도, 태양전지, 발전전력, 부하소비전력 등을 표시할 수 있도록 화면구성 소프트웨어를 개발하여 적용한다)

⑦ 월간 시간대 별 발전현황(월보2)

일보에 표시된 시간대 별 각종 현황의 한 달간 평균치를 표시 할 수 있도록 화면구성 소프트웨어를 개발하여 적용한다.

⑧ 이상발생 기록화면

동작상태 감시화면에서 이상이 발생 시 각 부위를 총망라하여 일자별 시간대별로 이상상태를 표시하는 기능을 갖추며, 출력할 수 있는 기능도 삽입한다.

9) 태양광발전 모니터링 프로그램 기능

① 데이터 수집기능

각각의 인버터에서 서버로 전송되는 데이터는 데이터 수집 프로그램에 의하여 인버터로부터 전송받아 데이터를 가공 후 데이터베이스에 저장한다. 10초 간격으로 전송받은 데이터는 태양전지 출력전압, 출력전류, 인버터 상 각 상전류, 각 상전압, 출력전력, 주파수, 역률, 누적전력량, 외기온도, 모듈표면온도, 수평면 일사량, 경사면 일사량 등 각각의 데이터로 분리하고, 데이터베이스의 실시간 테이블 형식에 맞도록 데이터를 수집한다.

② 데이터 저장기능

데이터베이스의 실시간 테이블 형식에 맞도록 수집된 데이터는 데이터베이스에 실시간 테이블로 저장되며, 매 10분마다 60개의 저장된 데이터를 읽어 산술평균값을 구한 뒤 10분 평균값으로 10분 평균데이터를 저장하는 테이블에 데이터를 저장한다.

③ 데이터 분석기능

데이터베이스에 저장된 데이터를 표로 작성하여 각각의 계측요소마다 일일평균값과 시간에 따른 각 계측값의 변화를 알 수 있도록 표의 테이블 형식으로 데이터를 제공한다.

④ 데이터 통계기능

데이터베이스에 저장된 데이터를 일간과 월간의 통계기능을 구현하여 엑셀에서 지정날짜 또는 지정월의 통계 데이터를 출력한다.

6. 태양광발전시스템 발전량 산출

(1) 발전량 산출의 절차

독립전원용 태양광발전시스템의 설계는 필요로 하는 부하소비전력량으로 산출된 소요 태양전지 용량을 결정하는 것이 일반적인 방법이다. 이에 대해 계통연계시스템의 경우에는 발전전력량과 사용전력량과의 사이에 제한적인 관계가 없기 때문에 설치장소의 면적에 따라 시스템 용량을 결정하는 경우가 많다. 따라서 태양전지 설치 가능면적을 충분히 조사하여 태양전지 용량을 산출한 후에 시스템 전체의 설계를 한다.

(2) 부하소비전력량

부하(AC부하, DC부하), 소비 부하원의 종류(인버터, 부하전력제어기, 전등, 모터, 전열기, 충방전제어기, 모니터링 장치 등), 부하별 사용시간, 부하별 대기소비 전력량, 부하별 대기전력 발생시간, 각 부하의 일일 소비전력 등을 계산하여 일일 총 소비전력을 구한다.

(3) 태양전지 용량과 부하소비전력량의 관계

태양전지 용량과 부하소비전력량의 관계는 일반적으로 다음의 식에 의해 나타낼 수 있다.

$$P_{AS} = \frac{E_L \times D \times R}{H_A \times G_S \times K} \cdots\cdots\cdots (A)$$

P_{AS}: 표준상태에서의 태양전지 어레이 출력(kW)
표준상태 : AM 1.5, 일사강도 1,000W/㎡, 태양전지 셀 온도 25℃
H_A : 어느 기간에 얻을 수 있는 어레이 표면 일사량(kW/㎡ · 기간)
G_S : 표준상태에서의 일사량(kW/㎡)
E_L : 어느 기간에서의 부하소비전력량(수요전력량)(kWh/기간)
D : 부하의 태양광발전시스템에 대한 의존율
  = 1 - (백업 전원전력의 의존율)
R : 설계여유계수(추정한 일사량의 정확성 등의 설치환경에 따른 보정)
K : 총합설계계수(태양전지 모듈출력의 불균일의 보정, 회로손실, 기기에 의한 손실 등을 포함)

총합설계계수 K는 다시 여러 가지 계수로 나누어지지만 직류보정계수(Kd), 온도보정계수(Kt), 인버터 효율에 관해 알아본다.

① 직류보정계수(Kd)는 태양전지 표면의 오염, 태양의 일사강도가 변화하는 것에 따른 손실의 보정, 태양전지의 특성차에 의한 보정 등이 포함되어 있고, 그 수치는 약 0.9 정도이다.
② 온도보정계수(Kt)는 일사량에 따라 태양전지 온도가 상승하거나 변환효율이 변하기 때문에 보정하는 계수로서 그 수치는 약 0.85 정도이다.
③ 인버터 효율은 태양전지가 발전한 직류를 교류로 변환하는 인버터 효율로서 그 수치는 약 0.92 정도이다.
④ 주택 등에 태양전지를 설치하는 경우 태양전지 어레이의 설치면적이 한정되어 있기 때문에 그 면적에서 태양전지 용량을 계산, 식 (A)를 이용하여 기대되는 발전전력량을 계산한다.
⑤ 식 (A)에서 부하소비전력량 E_L을 1일당 기대되는 발전전력량 E_P(kWh/일)로 바꾸고, 또한 표준상태에서의 일사강도 G_S를 1kW/㎡로, 의존율 D와 설계여유계수 R을 각각 1로 하면 다음 식이 도출된다.

$$E_P = H_A \times K \times P_{AS} \cdots\cdots\cdots (B)$$

⑥ 식 (B)에 따르면 설치장소에서의 일사량 H_A, 표준상태에서의 태양전지 어레이 출력 P_{AS} 및 총합설계계수 K를 알 수 있으면 기대되는 발전전력량을 산출할 수 있다.

(4) 시스템 종합계수 예

계수 구분		계수선정범위	계수선정	비고
① 일사량 보정계수		0.97~0.98	0.980	
② 태양전지 어레이 변환계수		0.53~0.78	0.772	0.9
• 표면청결계수		0.90~0.95	0.95	
• 성능계수		0.90~1.00	0.97	
• 온도변화계수		0.85~0.90	0.9	
• 모듈출력 상호불일치계수		0.85~0.98	0.98	
• 어레이, 운전전압 간 불일치		0.90~0.97	0.95	
③ 전력변환기 보정계수		0.70~0.85	0.765	0.8
• 전력조절기		0.90~0.99	0.90	
• 인버터		0.80~0.95	0.85	
④ 축전지회로 보정계수		0.85~0.99	0.900	
• 충방전효율		0.80~0.85		
• 축전지이용률		0.70~0.85		
계수합계	직류부하	인버터효율제외	0.61	1,440WH/day
	교류부하		0.52	3,554WH/day
일일총소비전력량		효율계수적용		4,994WH/day

(5) 시뮬레이션에 의한 발전량 산출

태양광발전시스템의 발전량을 설계과정에서 분석해야할 경우가 종종 발생한다. 이때 발전량의 산출은 하루 일조시간을 지역에 따라 3~4시간으로 설정하여 계산하는 방법과 Solar Pro 등과 같은 시뮬레이션 프로그램을 이용하여 계산하는 방법이 있다. 시뮬레이션을 이용할 경우 다양한 변수에 따라 일별, 월별, 연간 발전량, 일사량, I-V 곡선 등의 다양한 분석이 가능하다.

PART 2 태양광발전시스템 설계 실·전·기·출·문·제

2013 태양광기사

01. 저항 50Ω, 인덕턴스 200mH의 직렬회로에 주파수 50㎐ 교류를 접속하였다면, 이 회로의 역률(%)은?

① 약 82.3 ② 약 72.3 ③ 약 62.3 ④ 약 52.3

정답 ③

약 62.3

역률 = R / Z

$= R / \sqrt{R^2 + XL^2}$

$= 30 / \sqrt{50^2 + 62.8^2}$

$= 0.628 \times 100$

$= 62.3\%$

2013 태양광산업기사

02. 배선선로의 손실 경감과 관계없는 것은?

① 승압 ② 다중접지방식 채용
③ 부하의 불평형 방지 ④ 역률 개선

정답 ②

배선선로의 손실 경감과 다중접지방식 채용은 관계가 없다.

2013 태양광기사

03. 태양광발전시스템의 어레이 설계 시 고려사항으로 적당하지 않은 것은?

① 방위각 ② 부하의 종류 ③ 음영 ④ 경사각

정답 ②

태양광발전시스템의 어레이 설계 시 방위각, 음영, 경사각을 고려하여 설계하여야 한다.
설치는 최대한 남향으로 설치하는 것이 바람직하며, 경사각의 경우 30도 전후로 하는 것이 가장 적당하며, 음영(그늘)의 영향이 없어야 한다.

2013 태양광산업기사

04. 태양광발전소 운전 시 모듈에서 Hotspot 발생의 원인과 설명으로 가장 적절한 것은?

① 전지의 직렬(Rs) 및 병렬(Rsh)저항이 증가한다.
② 전지의 직렬(Rs) 및 병렬(Rsh)저항이 감소한다.
③ 전지의 직렬(Rs)저항이 증가하고 병렬(Rsh)저항이 감소한다.
④ 전지의 직렬(Rs)저항이 감소하고 병렬(Rsh)저항이 증가한다.

정답 ③

태양광발전소 운전 시 모듈에서 열점(Hotspot)이 발생하면 전지의 직렬(Rs)저항이 증가하고 병렬(Rsh) 저항이 감소한다.

2013 태양광기사

05. 태양전지 어레이(길이 2.58m, 경사각 30°)가 남북방향으로 설치되어 있으며, 앞면 어레이의 높이는 약 1.5m, 뒷면 어레이에 태양입사각이 45°일 때, 앞면 어레이의 그림자 길이(m)는?

① 1.5m ② 2.5m ③ 3.5m ④ 4.5m

정답 ①

$L = H/\tan\alpha = 1.5/\tan45° = 1.5$

2013 태양광기능사

06. 태양광모듈이 태양광에 노출되는 경우에 따라서 유기되는 열화정도를 시험하기 위한 장치는?

① 항온항습장치　　② 염수수분장치
③ 온도사이클시험장치　　④ UV시험장치

정답 ④

UV시험장치는 태양광모듈이 태양광에 노출되는 경우에 따라서 유기되는 열화정도를 시험하기 위한 장치이다.

2013 태양광기사

07. 태양전지 어레이의 이격거리 산출 시 적용하는 설계요소가 아닌 것은?

① 구조물 형상　　② 남북향간 길이
③ 강재의 강도 및 판 두께　　④ 태양광발전 위치에 대한 위도

정답 ③

- 태양전지 어레이의 이격거리 산출 시 적용하는 설계요소가 아닌 것은 강재의 강도 및 판 두께이다.
- 태양전지 어레이의 이격거리 산출 시 적용하는 설계요소
  ① 구조물 형상　② 남북향간 길이　③ 설치가능면적　④ 태양광발전 위치에 대한 위도
  ⑤ 동지 시 발전가능 한계시간에서의 태양의 고도

2013 태양광기사

08. 태양광발전 통합모니터링 시스템의 구성요소가 아닌 것은?

① 전력변환장치 감시제어 장치(AIS)
② 태양광모듈 계측 메인장치(SCS)
③ 자동기상 관측 장치(AWS)
④ 자동고장전류 계산 장치(ACS)

정답 ④

자동고장전류 계산 장치(ACS)는 태양광발전 통합모니터링 시스템의 구성요소가 아니다.

2013 태양광기사

09. 다음 중 송전선로에 대한 설명으로 옳지 않은 것은?

① 송전설비는 발전소 상호간, 변전소 상호간, 발전소와 변전소 간을 연결하는 전선로와 전기설비를 말한다.
② 송전선로는 발전소, 1차변전소, 배전용 변전소로 구성된다.
③ 송전 방식은 교류 송전방식만이 사용된다.
④ 송전 계통의 개요는 송전선로, 급전설비, 운영설비이다.

정답 ③

송전 방식은 직류 송전방식과 교류 송전방식 둘 다 사용된다.

2013 태양광기능사

10. 인버터 절연저항 측정 시 주의사항으로 틀린 것은?

① 입출력 단자에 주회로 이외 제어단자 등이 있는 경우 이것을 포함해서 측정한다.
② 절연변압기를 장착하지 않은 인버터는 제조사가 추천하는 방법에 따라 측정한다.
③ 정격전압이 입출력과 다를 때는 낮은 측의 전압을 선택 기준으로 한다.
④ 정격에 약한 회로들은 회로에서 분리하여 측정한다.

정답 ③

정격전압이 입출력과 다를 때는 높은 측의 전압을 선택 기준으로 한다.

2013 태양광기사

11. 변전소의 설치 목적이 아닌 것은?

① 전력의 발생과 계통의 주파수를 변환시킨다.
② 발전 전력을 집중 연계한다.
③ 수용가에 배분하고 정전을 최소화 한다.
④ 경제적인 이유에서 전압을 승압 또는 강압한다.

정답 ①

변전소는 발전소에서 생산한 전력을 수요자에게 보내는 과정에서 전압이나 전류의 성질을 바꾸는 시설로 전력의 발생과 계통의 주파수를 변환과는 상관이 없다.

PART 3

도면작성

1. 도면기호

(1) 전기도면 관련기호

명 칭	도면기호	비 고
일반용 조명 (백열등, HID등)	○	· 벽붙이 · 옥외등 · 체인 팬던트 CP · 파이프 팬던트 P · 리셉티클 R · 상들리에 CH · 매입 기구 DL (◎로 하여도 좋다) ·HID 등의 종류를 표시하는 경우는 용량 앞에 다음 기호 표시 수은등 H 메탈 핼라이드 등 M 나트륨 등 N 보기 : H400
백열등 (비상용)	●	· 일반용 조명 형광등에 조립하는 경우 
유도등 (백열등)	⊗	· 객석 유도등인 경우는 필요에 따라 S를 병기 ⊗S
형광등		· 벽붙이 가로붙이인 경우 :  세로붙이인 경우 :  · 기구의 대소 및 모양에 따른 표시 보기 :  
형광등 (비상용)		· 계단에 설치하는 통로유도등과 겸용 

명 칭	도면기호	비 고
유도등 (형광등)		· 통로 유도등인 경우는 필요에 따라 화살표를 기입 보기 :   · 계단에 설치하는 비상용 조명과 겸용인 것 
불멸 또는 비상용등 (백열등)		· 벽붙이 
불멸 또는 비상용등 (형광등)		· 벽붙이 
콘센트		· 그림기호 는 로 표시 가능 · 천장에 부착하는 경우 · 바닥에 부착하는 경우  · 용량의 표시방법 15A는 병기하지 않는다. 20A 이상은 암페어수를 병기 보기 : 20A · 2구 이상인 경우는 구수를 병기 보기 : 2 · 3극 이상인 것은 극수를 병기 보기 : 3P · 종류를 표시하는 경우 빠짐 방지형 LK 걸림형 T 접지극붙이 E 접지단자붙이 ET 누전차단기붙이 EL · 방수형 WP · 방폭형 EX
비상 콘센트		

명 칭	도면기호	비 고
점멸기	●	· 용량의 표시방법 10A는 병기하지 않는다. 15A 이상은 전류치를 병기 보기 : ●15A · 극수의 표시방법 단극은 병기하지 않는다. 2극 또는 3로, 4로는 각각 2P 또는 3, 4의 숫자를 병기 보기 : ●2P ●3
전동기	Ⓜ	· 필요에 따라 전기방식, 전압, 용량을 병기 보기 : Ⓜ 3ø200V 3.7kW
전열기	Ⓗ	· 전동기의 비고를 준용
발전기	Ⓖ	· 전동기의 비고를 준용
소형 변압기	Ⓣ	· 필요에 따라 벨 변압기는 B, 리모콘 변압기는 R, 네온 변압기는 N, 형광등용 안정기는 F, HID등(고효율 방전등)용 안정기는 H를 병기 ⓉB ⓉR ⓉN ⓉF ⓉH
룸 에어콘	RC	· 옥외 유닛에는 0을, 옥내 유닛에는 1을 병기 RC0 RC1
환기팬(선풍기를 포함)	∞	· 필요에 따라 종류 및 크기를 병기
정류장치	⊳|	· 필요에 따라 종류, 용량, 전압 등을 병기
콘덴서	╪	· 전동기의 비고를 준용
축전지	⊣⊢	· 필요에 따라 종류, 용량, 전압 등을 병기

명 칭	도면기호	비 고
개폐기	S	· 극수, 정격전류, 퓨즈 정격전류 등을 병기 보기 : E 2P 30A f 15A
배선용 차단기	B	· 극수, 프레임의 크기, 정격전류 등을 병기 보기 : B 3P 225AF 150A
누전 차단기	E	· 과전류 소자붙이는 극수, 프레임의 크기, 정격전류, 정격 감도전류 등과전류 소자 없음은 극수, 정격전류, 정격 감도전류 등을 병기 과전류 소자붙이의 보기 : E 2P 30AF 150A 30mA 과전류 소자없음의 보기 : B 2P 15AF 30mA
타임 스위치	TS	
전력량계	Wh (원형)	· 필요에 따라 전기방식, 전압, 전류 등을 병기 · 그림기호 Wh(원형)는 WH(원형)로 표시
전력량계 (상자들이 또는 후드붙이)	Wh	· 집합 계기상자에 넣는 경우는 전력량계의 수를 병기 보기 : Wh 12
변류기 (상자들이)	CT	· 필요에 따라 전류를 병기
전류 제한기	L (원형)	· 필요에 따라 전류를 병기 · 상자들이인 경우는 그 뜻을 병기

명 칭	도면기호	비 고
천장 은폐 배선	 ────	· 천장 은폐배선 중 천장 속의 배선을 구별하는 경우는 천장 속의 배선에  —·—·—을 사용 가능 · 노출배선 중 바닥면 노출배선을 구별하는 경우는 바닥면 노출배선에  —··—··—을 사용 가능
바닥 은폐 배선	 — — —	
노출 배선	 - - - - - -	
접지단자	⏚	· 의료용인 것은 H를 병기
접지센터	EC	· 의료용인 것은 H를 병기
접지극	⏚	· 접지 종별을 다음과 같이 병기 제1종 E1, 제2종 E2, 제3종 E3, 특별 제3종 Es3 보기 : ⏚E1
수전점		· 인입구에 이것을 적용 가능
점검구	◎	
누전 경보기	 G	· 필요에 따라 종류를 병기
누전 화재 경보기	 F	· 필요에 따라 급별을 병기
지진 감지기	EQ	· 필요에 따라 작동 특성을 병기 보기 : EQ 100~170cm/s² EQ 100~170 Gal
배전반, 분전반 및 제어반	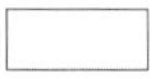 ▭	· 종류를 구별하는 경우 배전반  ⊠ 분전반  ◪ 제어반 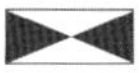 ⧓
상승		· 케이블의 방화구획 관통부는 다음과 같이 표기 상승 인하 소통 
인하		
소통		
풀 박스 및 접속상자	⊠	· 재료의 종류, 치수를 표시한다. · 박스의 대소 및 모양에 따라 표시한다.
VVF용 조인트 박스		· 단자붙이임을 표시하는 경우는 t를 병기 t

(2) 토목도면 관련기호

1) 재료변 단면표시

축척 재료명	1/10 이상	1/20~1/40	1/50	1/100
지 반	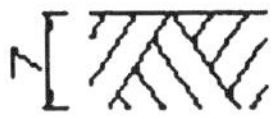 7	 5	 4	 3 FREE HAND로 표시함
잡 석	 지정두께	좌동	좌동	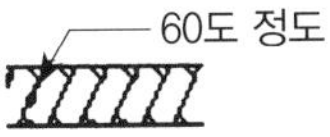 60도 정도 FREE HAND로 표시함
모 래 시 멘 트 모르타르 회 반 죽	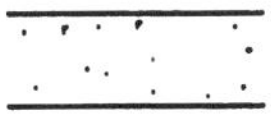	좌동	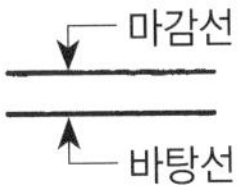 마감선 바탕선	바탕선만 표시
자 갈	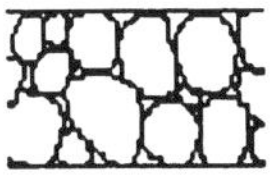	좌동	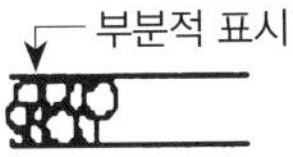 부분적 표시	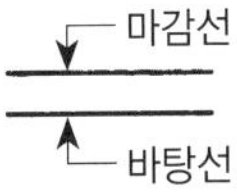 마감선 바탕선
철근 콘크리트	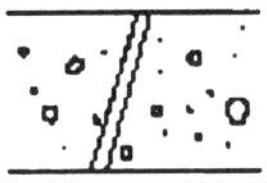	좌동	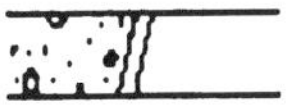	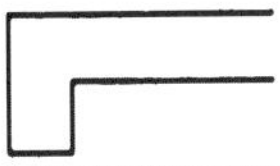
석면슬레이트 (전판)		좌동		좌동
석면슬레이트 (후판)	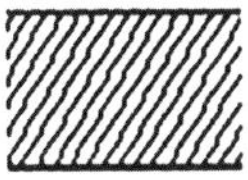	좌동		좌동
블 록	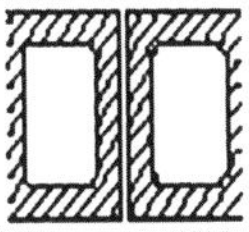	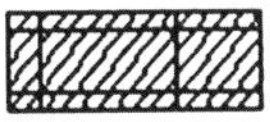	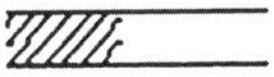	
벽 돌	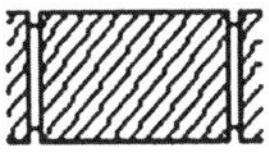			
석 재 (후)	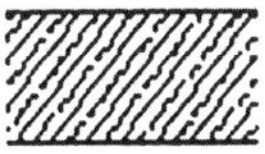	좌동	좌동	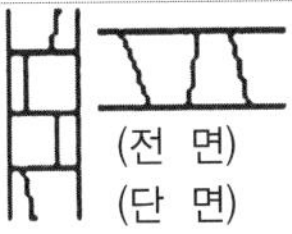 (전 면) (단 면)
석 재 (전판)	 바탕모르타르			바탕선만 표시

2) 공사평면도

명칭	기호	비고	
블 록 담 장		0.4×5.0	
철 조 망			
비 탈 면			
방 음 벽			
난간(연속기초)			
난간(독립기초)			
난간(옹 벽 위)			
보도CONC포장			
보도경계 블록			
철책담장(연속기초)			
철책담장(독립기초)			
철책담장(옹 벽 위)			
생울타리 담 장			
P O S T			
문 주			
계 단			
보도포장(인터로킹 블록)			
보도포장(자 기 질 타 일)			
옹 벽		옹벽(중 력 식)	중력식 H-3.0m L-30m
		옹벽(반중력식)	반중력식 H-3.5m L-45m
		옹벽(역 T 형)	역T형 H-5.0m L-60m
		옹벽(L 형)	L형 H-5.5m L-65m
석 축		석축(찰쌓기)	-찰-
		석축(메쌓기)	-메-

3) 우수평면도

명 칭	기 호	비 고
우 수 관	———→	
연 결 관	- - - - - - -→	
지붕우수 연결관	-·-·-·-·-→	
L 형 측 구	═══	
원형맨홀슬래브식 D 900	○	우수, 오수 공용
원형맨홀슬래브식 D 1,200	⊘	〃
원형맨홀슬래브식 D 1,500	◒	〃
원형맨홀슬래브식 D 1,800	⊗	〃
원형맨홀 조절형 D 900	◕	〃
원형맨홀 조절형 D 1,200	○	〃
원형맨홀 조절형 D 1,500	●	〃
각 형 맨 홀	□	
점 수 정	⊡	
배 수 박 스	1.0×1.5×2	
빗물받이1호	═■═	
빗물받이2호	═▬═	
빗물받이3호	□	
P.E 반 원 형 측 구	—PU—	
U형 측구 (콘크리트)	—CU—	
외곽수유입구	⊔	
지하맹암거	═ - - - ═	

명 칭	기 호	비 고
공 동 구		1.6×1.8m
공 동 구		1.8×1.8m
공 동 구		2.0×1.8m
공 동 구		2.2×1.8m
공 동 구		2.4×1.8m
공동구, 교차구		
공동구, 중간기계실		

※표기요령

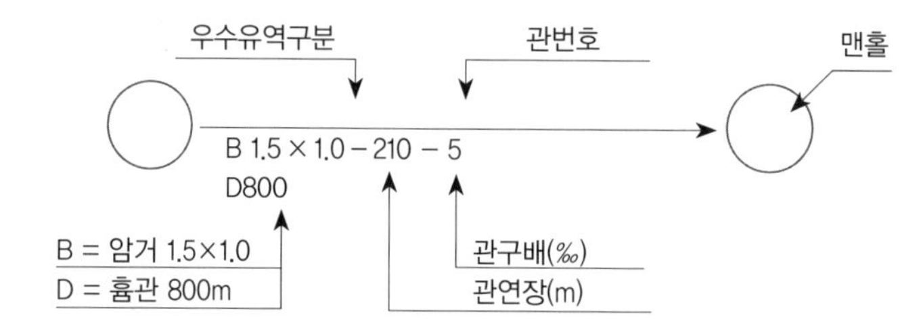

4) 오수평면도

명 칭	기 호	비 고
오 수 관		
부관맨홀		
오수받이		
오수맨홀		우수와 동일
오 수 관 보호콘크리트		

※표기요령

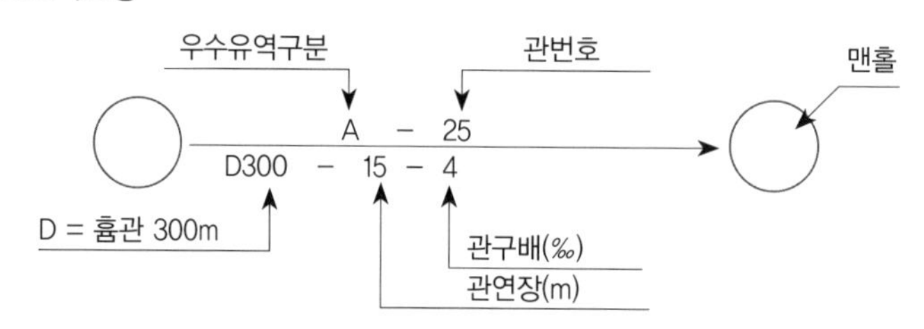

5) 포장평면도

명 칭	기 호	비 고
포장 (아스팔트 콘크리트)	(A)	
포장 (시멘트 콘크리트)	ConC'	
과속방지턱		
차량감속보도 (아스팔트 콘크리트)		
차량감속보도 (인터로킹블록)		
도로반사경 (1면경)		
도모반사경 (2면경)		

6) 급수평면도

명 칭	기 호	비 고
KP 메카니칼 조인트		
타이튼 조인트		
메카니칼 조인트		
플랜지소켓관		KP메카니칼 부속관임
플랜지관		〃
이 음 관		〃
90° 소켓 곡관 A형		〃
90° 소켓 곡관 B형		〃
45° 소켓 곡관 A형		〃
45° 소켓 곡관 B형		〃

명칭	기호	비고
소켓플랜지 T형관 A형	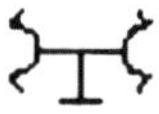	〃
소켓플랜지 T형관 B형		〃
소켓 T형관 A형	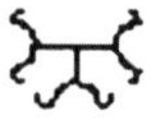	〃
소켓 T형관 B형		〃
소켓 편락관 A형	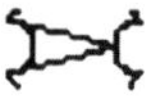	〃
소켓 편락관 B형		〃
소켓 편락관 C형	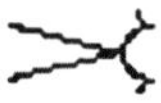	〃
플랜지 편락관 A형		〃
플랜지 편락관 B형		〃
플랜지 편락관 C형	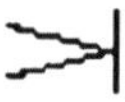	〃
마개플랜지		〃
90° 플랜지곡관 A형		〃
90° 플랜지곡관 B형		〃
45° 플랜지곡관 A형		〃
45° 플랜지곡관 B형		〃
플랜지 T형관 A형	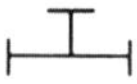	〃
플랜지 T형관 B형		〃
나 팔 관		〃
드레인관		〃
소켓플랜지 십자관A형	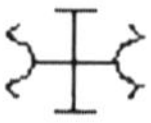	〃
소켓플랜지 십자관B형		〃

명 칭	기 호	비 고
소켓 십자관 A형		〃
소켓 십자관 B형		〃
캡		〃
제 수 밸 브		
체 크 밸 브		
수도 유량계 메타		
신 축 이 음		
공기변단구		
공기변쌍구		
90° 엘 보		스테인리스 강관
45° 엘 보		〃
티		〃
소 켓		〃
리 듀 서		스테인리스 강관
캡		〃
소 화 전		〃
K-유니온		〃
어뎁터소켓		〃
어뎁터엘보		〃
청동 밸브		〃

※표기요령

D80 – 195

D = 80mm

관연장(m)

7) 지형현황 측량도면

명칭	기호	비고
삼각점		3.0×3.0㎜
삼각보점		2.0×3.0㎜
체신주	T	2.0㎜
체신맨홀		2.0㎜
한전맨홀		2.5㎜
하수맨홀	下	2.5㎜
상수맨홀	上	2.5㎜
묘지		
고층건물	CF	실폭
슬래브집	S	〃
기와집	ㄱ	〃
스레트집	ㅅ	〃
루핑	ㄹ	〃
비닐하우스	ㅂ	〃
성벽		
유수방향		
계곡선		0.25
주곡선		0.1
간곡선		0.1
수준점		3×3
시계		
군·구계		
읍면동계		

명칭	기호	비고
리 계		
벼랑바위		
해안바위		
논	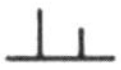	2.5×1.5×2.5㎜
밭		2.5×1.5
초 지		2.5×1.5
과 수 원		Φ1.5
산 림		2.5×1.5
뽕 밭		
습 지		
우 물		2.5×2.5
신 호 등		
벽 돌 담		
나무울타리		
노 출 암		
보도블록		
흄 관		
교 량		
돌 망 태		
암 거		

2. 설계도서 작성

(1) 설계도서의 의의

① 건축법 제2조1항에 따르면 '설계도서'란 건축물의 건축 등에 관한 공사용 도면, 구조 계산서, 시방서, 그 밖에 국토해양부령으로 정하는 공사에 필요한 서류를 말한다.

② 토목설계에서 설계도서는 청부공사계약에 있어서 발주자로부터 제시된 도면 및 그 시공기준을 정한 시방서류로서 설계도면, 표준명세서, 특기명세서, 현장설명서 및 현장설명에 대한 질문회답서를 총칭하여 설계도서라 한다.

③ 설계도면에는 평면도, 종단면도, 횡단면도, 구조도 등이 있으며, 공사 목적물의 형상, 구조 및 재료, 재질이 나와 있다.

④ 건축관계의 설계도는 우선 부지에 대한 배치도가 필요하다. 건물의 대소에 따라 1/1,000~1/200 정도로 그리며, 평면도 입면도 단면도 전개도 및 각부 상세도에 의해 형태와 시공법이 표시된다.

⑤ 표준명세서는 각 발주자가 공사 시에 공통으로 이용하는 것으로, 공사 목적물의 품질, 시공의 안전 등을 확보하기 위해 필요한 사항이, 특기명세서는 각 공사에 고유한 시공 상의 문제나 표준명세서를 부정하는 사항 등이 정해져 있다.

⑥ 설비도는 전기(동력, 조명, 통신), 급배수, 공기조절의 각 부분으로 나누어진다.

(2) 설계도서 해석의 우선순위

설계도서, 법령해석, 감리자의 지시 등이 서로 일치하지 아니하는 경우에 있어 계약으로 그 적용의 우선순위를 정하지 아니한 때에는 아래와 같은 순서를 원칙으로 우선순위를 정할 수 있다.

① 공사시방서

② 설계도면

③ 전문시방서

④ 표준시방서

⑤ 산출내역서

⑥ 승인된 상세시공도면

⑦ 관계법령의 유권해석

⑧ 감리자의 지시사항

(3) 시방서

- 시방서의 사전적 의미는 "계획된 건물, 기계, 교량 등에 관한 요구사항, 규격, 재료 등에 관한 상세한 내용"이라고 되어 있는데, 어떤 것을 자세히 묘사하거나 규정한다는 의미로서 어떤 특정물체의 기능적, 화학적, 물리적 특성과 그 재질에 관하여 세밀하고 정확하게 명기한 문서이다.

- 시방서란 어떤 프로젝트의 품질에 관한 요구사항들을 규정하는 공사 계약문서의 일부분으로서, 공사의 품질과 직접적으로 관련된 문서이다.
- 시방서는 시방서의 내용, 사용목적, 사용방법, 명세제한에 따라 일반적으로 크게 4가지로 분류할 수 있다.

1) 내용상의 분류

① 일반시방서(General specification)

입찰 요구조건과 계약조건으로 구분되어 비 기술적인 일반사항을 규정하는 시방서이다.

② 기술시방서(Technical specification)

㉠ 설계도면으로 표시할 수 없는 공사전반에 걸친 기술적인 사항을 규정하는 시방서이다.

㉡ 각 공종별로 재료의 성능, 성격 및 시험 등 재료에 관한 사항과 시공방법, 시공상태 및 허용오차 등 시공에 관한 사항, 해당 공종과 관련되는 다른 공종과의 관계 및 공사전반에 관한 주의사항 등이 수록된다.

2) 사용목적상의 분류

① 표준시방서(Standard specification)

㉠ 편의상 별도의 공사시방서를 작성하지 않고 모든 공사에서 공통적으로 적용이 되는 사항을 규정한 시방서로 일종의 가이드 시방서이다.

㉡ 특히, 국내의 경우 정부공사 등에 적용되는 각종 표준시방서가 이에 해당된다.

② 특기시방서(Particular specification)

㉠ 공사의 특징에 따라서 표준시방서의 적용범위, 표준시방서에 없는 사항과 표준시방서에서 특기시방으로 정하도록 되어 있는 사항 등을 규정한 시방서이다.

㉡ 국내에서는 공사시방서의 일부로 포함된다.

③ 공사시방서(Project specification)

㉠ 해당공사의 설계도서 작성 시 작성되어 해당공사 수행 시 시공기준이 되는 것으로서 계약이 체결된 후에는 계약시방서가 된다.

㉡ 이러한 공사시방서는 가이드시방서를 이용하면 보다 확실하고 용이하게 작성할 수 있다.

④ 가이드시방서(Guide specification)

㉠ 공사시방서 작성 시에 지침이 되는 예시시방서이다.

㉡ 공사에 해당되지 않는 사항은 삭제하고 필요한 사항은 새로 추가할 수 있도록 괄호넣기 또는 선다형으로 구성된 시방서이다.

⑤ 개요시방서(Outline Specification)

㉠ 프로젝트 설계가 설계의 발전단계로 진척되고 나서 개요시방서는 발주자와 건축가 또는 엔지니어 사이의 합의를 이루는 데에 매우 유용하다.

㉡ 정해진 시방서 공종분류체계에 의거 작성된 개요시방서는 프로젝트를 서술하는 서류로서 제출되기 위하여 합의된 요구사항으로 채워져서 발전된다.

㉢ 설계의 발전에 의한 도면과 함께 개요시방서는 수정된 비용산출의 기초가 된다.

㉣ 개요시방서는 설계의 진척에 도움을 주며, 공사비 추정, 일정계획, 가치공학 검토의 기초가 된다.

㉤ 공사 매뉴얼의 발전과정에서 제품이나 공사방법을 선정할 때의 공사내용에 적합한 체크리스트로 활용될 뿐만 아니라 프로젝트팀 구성원 간 또는 프로젝트팀과 발주자 간의 의사전달 수단이 된다.

㉥ 또한 개요시방서는 의견수렴 과정을 통제하는 데 도움이 되며, 공사서류가 보다 명확해지도록 해 준다.

㉦ 개요시방서를 잘 마련할 경우 다음 단계에서의 설계변경 가능성을 줄여 주며, 설계 합동작업의 효율성 저하를 막아준다.

⑥ 자재 생산업자 시방서

자재의 성능규격 및 시공방법 등 자재의 사용 및 시공지식에 관한 정보자료로서 공사시방서 작성 시와 자재구입 시 참고자료로서 활용할 수 있도록 자재 생산업자가 작성하는 시방서이다.

3) 작성방법상의 분류

① 서술시방서(Descriptive Specification)

㉠ 서술시방은 필요한 제품이나 재료 또는 특정장비와 이에 필요한 작업방법을 자세히 서술하는 것으로 고유의 상품명은 사용하지 않는다.

㉡ 공사가 복잡해지고 더 합당한 표준규격시방을 구할 수 있다면 그 사용빈도가 줄어들게 되는데 이는 서술시방의 분량이 많아지고 장황해지기 쉽기 때문이다.

㉢ 그러나 고유한 제품명을 법으로 규제하고 있거나 합당한 표준규격이 없는 경우 서술시방이 선택된다.

② 성능시방서(Performance Specification)

㉠ 제품 자체(제품의 명칭이나 모델번호 등)를 규정하기 보다는 제품의 성능만을 기술하고, 결과치에 이르는 방법을 규정하기보다 요구하는 최종 결과치를 서술하는 시방으로서, 최종적으로 필요한 결과치를 빠짐없이 명시하여야 한다.

㉡ 이 성능시방의 결함은 시설물의 기능이나 시공결과 중 어느 하나라도 누락할 경우 공사재료의 품질이나 장비 또는 시공의 정밀도나 기능, 공정을 관리함에 있어 커다란 손실을 초래할 수 있다.

③ 참조규격(Reference standards)

㉠ 자재의 성능, 규격, 시험방법에 대한 표준규격으로서 가이드시방서나 공사시방서 작성 시 이용된다.

㉡ 이러한 시방서는 우리나라의 한국산업규격(KS), 미국재료시험학회(American Society for Testing and Materials, ASTM), 영국표준협회(British Standards Institute, BS), 독일산업표준(Deutsche Industrie Normen, DIN), 일본산업표준(Japanese Industrial Standard, JIS) 등이 해당되며 그 외의 건축배관, 난방, 전기, 기계설비공사 등의 관계규정도 여기에 포함된다.

㉢ 참조규격은 번호나 제목 또는 다른 명칭을 시방서에 인용하는 방식으로 사용되는데, 인용된 관련규격은 시방서 내용의 일부로 간주된다.

㉣ 참조규격은 관련규격을 인용하여 시방을 작성하는 것은 장황하고 긴 내용을 쓰지 않아도 되게 해 준다.

㉤ 그러나 한편으로 관련규정에는 부적합한 규정이 있을 수 있으며, 계약서상 중복과 모순을 낳을 소지가 있다.

㉥ 또한 일반적으로 참조규격은 최소한의 요구사항을 규정함으로서 인지되지 않는 조건들이 있을 수 있기 때문에 주의해야 한다.

㉦ 관련규격을 인용할 때 발생하는 이와 같은 문제점을 없애기 위하여 참조규격에 대한 내용파악을 해야 하며, 관련 참조규격을 적절히 시방규정에 반영해야 한다.

4) 명세제한상의 분류

① 패쇄형 시방서

㉠ 요구되는 하나 또는 몇 개의 재료로 시방이 제한되며, 단일제품만을 요구하는 단일제품 시방서와 두 가지 이상의 제품을 선정하여 사용하게 하는 복합제품 시방서가 있다.

㉡ 이 시방서는 제품의 품질확보와 불량품 반입의 방지가 용이한 반면 경쟁이 제한되며, 일반적으로 제조업자 시방서가 여기에 포함된다.

② 개방형 시방서

㉠ 당해 공사에 적합한 경우 일정한 요구조건을 만족하는 어떤 재료나 공정 및 공법도 허용하는 시방서이다.

㉡ 이 시방서는 경쟁이 유도되지만, 요구성능 기준한계의 저 품질이 포함될 가능성이 있으며, 일반적으로 성능시방서가 여기에 포함된다.

(4) 시방서의 작성방법

1) 공사시방서에 포함될 주요사항

① 표준시방서와 전문시방서의 내용을 기본으로 하여 작성한다.

② 기술적 요건을 규정하는 사항으로서 설계도면에 표시(시설물 위치, 형태, 치수, 구조상세 등)한 내용 외에 시공과정에서 사용되는 기자재, 허용오차, 시공방법, 시공상태 및 이행절차 등을 포함한다.

③ 설계도면에 표시하기 어려운 공사의 범위, 정도, 규모, 배치 등을 보완하는 사항을 포함한다.

④ 해석상 설계도면에 표시한 것만으로 불충분한 부분에 대해 보완할 내용을 포함한다.

⑤ 표준시방서를 기본으로 하여 작성할 경우, 표준시방서 등의 내용 중 개별공사의 특성에 맞게 정하여야 할 사항(품질 및 성능, 기타 공사수행에 필요한 사항)을 포함한다.

⑥ 현행 표준시방서에서 공사(특별, 특기)시방서에 위임한 사항을 포함한다.

⑦ 표준시방서의 기준만으로 당해 공사에 요구되는 계약목적물의 성능이 충족되지 않거나 표준시방서의 기준이 당해 공사에 요구되는 성능보다 불필요하게 과도할 경우에는 표준시방서의 내용을 추가 변경하는 사항을 포함한다.

⑧ 표준시방서 등에서 제시된 다수의 재료, 시공방법 중 해당 공사에 적용되는 사항만을 선택하여 기술한다. 다수의 재료 또는 시공방법을 제시하여 수급인으로 하여금 재료 및 시공방법을 선택하여 시공하게 하고자 할 경우에는 다수의 재료 또는 시공방법을 제시할 수 있다. 다수의 재료 또는 시공방법을 제시했을 경우에는, 수급인에게 선택권이 주어질 수 있다.

⑨ 각 시설물별 표준시방서의 기술기준 중 서로 상이한 내용은 공사의 특성, 지역여건에 따라 선택 적용한다.

⑩ 행정상의 요구사항 및 조건, 가설물에 대한 규정, 의사전달 방법, 품질보증, 공사 계약 범위 등과 같은 시방 일반조건을 포함한다.

⑪ 수급인이 공사의 진행단계 별로 작성할 시공 상세도면의 목록 등에 관한 사항을 포함한다.

※ 시공 상세도 : 공사의 특정 부분을 구체적으로 나타내기 위하여 수급인이 준비하여 제출하는 설계도면 · 도해 · 설명서 · 성능 및 시험자료 등을 말한다.

⑫ 해당기준에 합당한 시험 · 검사에 관한 사항을 포함한다(샘플링 방법 등 검사를 위한 기준 포함).

⑬ 시공목적물의 허용오차(공법상 정밀도와 마무리의 정밀도)를 포함한다.

⑭ 발주자가 특별히 필요하여 요구하는 사항을 포함한다.

⑮ 필요시 관련기관의 요구사항을 포함시킨다.

2) 시방서 기술방법

① 도면에 표시하기 불편한 내용을 기술하고, 치수는 가능한 도면에 표시한다.

② 사용할 자재의 성능, 규격, 시험 및 검증에 관하여 기술한다.

③ 디자인 또는 외형적인 면보다는 성능에 의하여 작성한다. 제품 또는 시공품의 요구성능만 만족되면 제품의 종류 및 시공방법은 수급인이 선택할 수 있도록 가능한 한 성능시방(성능 검사방법 포함)을 제시한다.

※ 성능시방을 작성하는 것이 현재 세계적인 추세이다.

④ 설계도면으로 성능을 만족시키려 하기보다 공사시방서가 성능을 만족시키도록 작성하며, 성능시방으로 작성할 경우 도면이나 공법 · 자재시방에서 지나친 간섭을 절제하도록 작성한다.

⑤ 설계도면과 일치되게 작성하며, 설계도면과 일치된 용어를 사용한다.

⑥ 설계도면에 표시된 내용과 중복되지 않게 작성한다. 시방이 설계도면을 보완하는 것이라고 하지만, 설계도면의 내용을 반복하지 아니한다. 시방서, 설계도면, 내역서 등 모든 서류는 누락이나 중복, 혼돈을 배제하기 위하여 상호 비교 · 검토되어야 하며, 충분한 시간을 가지고 초기에 일치시키는 작업을 하는 것이 필요하다.

⑦ 설계도면과 공사의 수준이 맞게 작성한다. 예컨대, 소규모 공사를 위한 설계도면에는 소규모 공사에 맞는 시방을 작성한다.

⑧ 특정 상표나 상호, 특허, 디자인 또는 형태, 특정원산지, 생산자 또는 공급자를 지정하지 아니한다. 다만, 수행요건을 정확하게 나타낼 수 있는 방법이 없고, 입찰 준비문서에 '또는 이와 동등한 것(or equivalent)'과 같은 표기가 있는 경우에는 예외로 한다.

⑨ 표준규격 인용 시에는, 국제입찰 대상 공사가 아닌 경우, 국내 KS 규격을 우선 인용하고, 해당 KS가 없거나 있더라도 강화된 기준이 외국 규격에 있어서 이것을 인용하고자 하는 경우에는 외국규격(규격명)을 인용한다.

⑩ 국제입찰 대상 공사인 경우, 국제표준이 있는 경우에는 국제표준을 기준으로 하고, 국제표준이 없는 경우에는 국내의 기술법령 · 공인표준 또는 규정을 기준으로 한다.

⑪ 외국규격 인용 시에는 내용이 서로 상충되지 않도록 작성한다. 또한 외국규격을 인용할 경우에는 성능시방서 형태로 변환할 수 있는 경우에는 성능시방서 형태로 기술하여 국산화를 유도한다.

⑫ KS 규격 등을 인용할 때에는 기준이 공란으로 남아 있는 것을 그대로 인용하지 않도록 한다.

⑬ 참조문헌 인용 시에는 가능한 한 참조문헌의 장, 절, 항목까지 구체적으로 인용한다.

⑭ 건축물과 관련된 공사의 경우 사전에 건축분야의 설계도면을 검토한 후 이 설계도면에 근거해서 공사시방서를 작성한다.

⑮ 설계기준을 기술하지 아니한다. 설계기준은 설계도면에 반영하여야 할 사항인 경우가 많기 때문에, 공사시방서에 설계기준을 포함할 경우, 공사시방서와 설계도면의 내용이 상이해질 수 있다.

⑯ 설계도면에 꼭 표기하도록 인지시킬 필요가 있을 경우에는 이 사실을 명기한다.

3) 시방서 작성 시 유의사항

① 시방내용의 문장은 간결하게 하고 불필요한 낱말이나 구절은 피한다.

② 긍정문으로 알기 쉽게 기술한다.

③ 정확한 문법으로 기재한다.

④ 예측적으로 보다는 직설적으로 기술한다.

⑤ 이해하기 쉽고 혼동을 야기 시키지 않도록 쉼표 반점(,)을 사용한다.

⑥ 필요한 모든 사항을 기재하되, 반복하지 않는다. 설계 요구사항에 대한 정확한 이해와 충실한 견적이 가능하도록, 필요한 모든 정보를 충분히 수록하되, 내용을 반복해서는 안 된다.

⑦ 시방서의 내용은 정확하고 통일된 용어를 사용한다.

⑧ 불가능한 사항은 기재하지 않는다.

시방서에서 요구한 작업이 불가능한 경우, 수급인이 변경을 요구하였을 때 이 요구가 받아들여지지 아니한 경우 수급인이 이행하지 않아도 불이행으로 간주하지 않는다. 수급인은 작업이 불가능하거나 실행 불가능한 것을 증명하기 위해서, 공사비가 너무나 늘어나서 착수하는 것이 비논리적이라는 점을 증명하면 된다. 제시된 작업을 완수할 수 없는 요인은 시방서가 실행 불가능한 공사를 요구하는 것, 수급인이 공정한 시방서의 판독을 통해서도 문제를 알 수 없는 것이 있다.

⑨ 상치되는 공법과 결과를 모두 기재하지 않는다.

※ 공법 · 자재시방과 성능시방이 상치될 경우 공법 · 자재시방이 우선한다는 것이 일반적인 견해임

⑩ 모순된 항목은 기재하지 않는다.

⑪ 수급인과 발주의 책임한계가 명확하게 작성한다.

⑫ KS와 같은 표준규격의 참고사항을 기술할 때에는 먼저 규격내용을 숙지한 후 인용한다.

⑬ 상투적인 표현을 반복사용하거나 틀에 박힌 문구는 피한다.

⑭ 신기술을 포함하여 발주된 공사에 대해서는 특별한 사유가 없는 한 설계변경을 통하여 신기술을 일반기술로 변경시키지 못하도록 명시한다.

⑮ 보수 · 보강공사에 대한 시방을 제시할 경우에는 '시방서 공종분류체계' 항에서 제시된 공종분류체계상에서 본 공사의 공종에 해당되는 공종의 마지막 공종 다음에 추가로 보수 · 보강공사에 공종을 추가로 분류하여 시방을 제시한다.

⑯ 공사시방서, 도면, 내역서 간에 통일된 용어를 사용한다.

4) 시방서용어 사용방법

① 시방용어 적용순서

㉠ 관련법규 또는 법률용어사전에 정의되었거나 법규내용 중에 사용된 용어

㉡ 한국산업규격에서 정의된 용어

㉢ 각 전문분야별 기술용어사전에서 정의된 용어

㉣ '한글맞춤법', '외래어맞춤법' 또는 '기본외래어용어집', '국어대사전', '법령입안심사기준', '깁고 더한 쉬운 말 사전'

② 시방서의 문장

㉠ 주어와 목적어와 술어가 일치해야 한다.

㉡ 목적어가 빠진 문구는 사용을 삼간다.

㉢ 문장은 가능한 간결하면서도 의사전달이 명확하게 되도록 서술형 또는 명령형으로 쓴다.

㉣ 정확한 용어를 사용하고 누구나 쉽게 이해할 수 있도록 쉽고 평이한 문장이 되도록 한다.

㉤ 두 가지 이상의 뜻으로 해석되지 아니하여야 한다.

㉥ 한글의 사용을 원칙으로 하며, 한문, 영어, 기타 언어의 표기가 필요한 경우에는 ( )를 사용하여 용어의 바로 옆에 표기한다.

③ 용어 표현방법

㉠ 애매한 표현 배제 : '원칙적으로', '충분한', '관련 ○○', '○○ 등' 등과 같은 애매한 표현을 최대한 배제한다.

㉡ 시기의 명확화 : 실시 · 판단시기를 명확히 기술한다(예컨대, '미리'·'사전에' → '공사착수 전에').

㉢ 규격 · 기준치의 명확화 : 정량적인 수치기준은 구체적으로 기술한다(예컨대, '작업에 적합한 크기' → '30㎝ 이하').

㉣ 문장의 명확화 : '~해야 한다' 또는 '~한다' 라고 기술한다(예컨대, '~하는 것을 원칙으로 한다' 라는 표현은 지양한다).

④ 참조규격 표현방법

㉠ 표현방법

㉡ 참조규격 인용방법은 국내규격 먼저, 그 다음 외국규격 순으로 명기하되 발행기관의 알파벳순으로 기술하며, 발행기관 별로 소속된 규격들은 알파벳 번호순(Alpha-numerical order)으로 기술한다.

㉢ 규격인용 시 인용되는 규격의 정확한 제목과 규격번호를 명기하여야 하며 이미 폐지되었거나 존재하지 않는 규격을 인용하여서는 안 된다.

⑤ 약어사용 원칙

시방서 작성에 있어서 가능한 약어를 사용하지 않는 것을 원칙으로 하지만, 약어를 사용하여 작성하여야 할 경우에는 다음과 같은 방법에 의하여 약어를 작성하도록 한다.

㉠ 기준(규준) 및 규격은 그 단체 및 기관 그리고 제조회사에서 제정해 놓은 것으로 한다.

㉡ 약어는 다음과 같은 경우에 사용한다.

- KS 규격에 규정된 약어

- 태양광업계에서 제정된 협약
- 사전 등에 수록되어 있는 약어
- 기술용어의 약어는 도면과 공정표에서 자주 반복되어 태양광업계에 널리 인식되어 있는 일반적인 명칭을 사용한다.

㉢ 약어는 원래 단어의 특성을 유지하는 데 필요한 최소한의 문자 및 수로 구성한다.

⑥ 단위규정

KS 규격에서 규정한 SI 단위계를 사용한다.

⑦ 문장부호 규정

시방서의 기술에 있어서 문자에 사용되는 부호와 기호는 다음의 규정에 의하여 표기한다.

㉠ 문장의 끝은 마침표 온점(.)을 사용한다.

㉡ 하나의 어구가 띄어 쓰여져 있을 때에는 쉼표 반점(,)을 사용한다.

㉢ 열거된 여러 단위가 대등하거나 밀접한 관계성을 나타낼 때에는 가운뎃점(·)을 쓴다.

㉣ 이음표는 물결표(~)를 쓰고, 줄표(-)나 붙임표(-)를 사용하지 않는다.

㉤ 느낌표(!)나 물음표(?)는 사용하지 않는다.

체크포인트

시방서, 설계도면 또는 기타 서면정보의 하자, 오류, 생략 등으로 인한 계약공사의 변경비용에 대한 책임

1) 발주자나 공사감독자가 수급인에게 제공한 경우 : 발주자 책임
2) 수급인이 제공한 경우(공사감독자의 승인을 받았든 그렇지 않았든 무관함) : 수급인 책임. 단 하자, 오류, 생략 등이 발주자나 공사감독자가 수급인에게 제공한 설계도면, 시방서, 기타 부정확한 서면정보로 인한 경우에는 적용되지 않는다.

(5) 설계도면과 시방서

1) 설계도면

① 설계도면의 정의

설계도면은 공사에서 규정한 데이터를 전달할 목적으로 2차원의 도면 위에 도안이나 문자를 사용하여 설계의도를 전달하고, 공사 전체 또는 부분에 대한 여러 가지 그림을 나타낸다. 도표나 계획표도 도면의 일부이다. 또한 도면은 각각의 요소가 어떻게 관련되는가를 보여주며, 또한 각각의 재료나 조립품, 구성품, 부속품의 위치, 치수와 규격, 연결상세도, 외관이나 형태를 나타낸다.

② 공사단계별 설계도면의 역할과 기능

모든 설계와 공사는 공사 본질과 발주자의 필요에 따라 그 시작에서 완성까지 다양한 단계를 거친다. 설계단계에서 설계자, 발주자들은 공사범위와 계획 설계를 위해 도면을 사용한다. 개요설계 단계의 도면은 스케치와 묘사 또는 개요도표를 포함하게 된다. 이러한 도면은 길이, 모양, 크기, 공간 관계와 공사구성품의 기능적 특성을 나타내게 되는데, 통상 치수는 기입하지 않는다. 설계를 발전시켜 나가는 동안 보다 상세한 정보가 요구되는 단계에서 재료나 기본설비 및 이들 관계를 다양한 그림으로 나타낸다. 설계단계에서의 도면은 표면질감이나 마감, 조명, 색상과 관련한 공간의 질을 나타내며, 공사에 사용하는 도면보다 훨씬 색채감 있게 표현된다. 도면과 시방은 공사내용을 설명하는 데에 필요한데, 시방은 도면에 나타난 정보를 보충하지만 반복하지는 않는다. 공사 중 수급인에게 기록도면을 유지하도록 요구하기도 하는데, 이 기록도면은 변경부분을 공사에 반영시켜 계약도면을 고치는 것을 말한다. 여기서 변경이란 현장여건 변경, 도면수정, 보완도면, 공사범위의 변경을 포함한다. 기록도면의 목적은 발주자에게 작동이나 유지관리 및 개조를 손쉽게 하기 위한 일련의 서류를 제공하는 데에 있으며, 때때로 발주자는 수급인의 기록도면에 있는 변경부분을 원도면에 짜 맞추도록 계약하기도 한다.

③ 설계도면의 범주

설계는 3차원적 공사개념을 이끌어내는 것이다. 이러한 개념을 다른 사람에게 시각적으로 해석이 가능하도록 도해가 만들어지는 것이다. 대축척이 실제 크기에 가깝기 때문에 보다 상세한 내용을 보여주는 데 사용된다.

④ 설계도면의 형태

공사용 설계도면은 다른 설계도면과 구별되는 일반적 형태를 갖는데, 여기에는 기호(Symbol), 약어, 치수, 도면부호, 주기와 기타 다양한 도안표시가 포함된다.

㉠ 설계도면의 그래픽 부분은 다양한 형태나 모양의 선으로 이루어진다.

㉡ 자재를 그림으로 나타내는 기호에는 사용자재의 인출표시 참고기호와 실제 축척으로 그린 제품의 단순한 그래픽 표현의 구성요소 기호가 있다.

㉢ 설계도면에는 실제크기를 명시하는 치수(축척) 표시가 있다.

㉣ 설계도면에는 주기란을 포함하게 되는데, 주기란에 사용되는 용어는 시방서

와 관련된다.

ⓜ 공간이 한정될 때 설계도면이나 일람표에서는 약어를 쓴다.

⑤ 설계도면의 분류 : 공사와 관련한 설계도면을 잘 분류해 놓는 것은 어떤 정보를 쉽게 찾아 볼 수 있도록 하고, 정보의 혼돈과 빠뜨림을 방지한다.

2) 설계도면과 시방의 일치

① 설계도면

설계도면은 공사를 그래픽 표현으로 나타냄으로서 구성품이나 재료의 관계를 알려주고, 각각의 재료와 조립품 · 구성품 · 부속품의 위치, 재료나 구성품 또는 장비 각 부분의 확인, 규모와 크기, 관련 세부사항이나 도표 등을 보여주어야 한다. 어떤 재료나 부품이 설계도면 상에 여러 번 표기될 때도 있고 단지 한 곳에서만 언급되기도 하는데, 기록과정을 줄이고 일치시키기 위하여 재료나 부품을 규정하는 별도의 총괄적인 주기를 사용하기도 한다. 재료나 부품마다 일일이 주기를 해 주는 경우 일관성이 결여되고 혼돈이 생길 우려가 높으므로 글로서 자세히 알리고자 할 경우 시방에 기재하는 것이 좋다.

㉠ 재료는 자재명과 기호(Symbol) 또는 키노트로 표현되기도 하고, 펌프나 밸브와 같은 부품류는 짧은 포괄적 명칭이나 코드화한 기호(Symbol)로 나타내기도 하며, 자재시스템은 별도의 총괄적인 주기로 표기토록 한다.

㉡ 설계도면에 '시방서 참조'라는 식으로 도면과 시방은 상호 참조토록 할 필요가 있는데, 이는 하나의 계약서류에서 상호보완적이고 포함된 참고내용이 서로 규제하는 기능이 있기 때문이다.

㉢ 설계도면은 하도급자나 납품업자가 해야 할 일을 규정하려고 해서는 안 되지만, 대체자재나 공법의 범위, 공사의 범주, 작업의 제한 또는 발주자나 계약 당사자가 아닌 사람의 특별한 작업내용을 제시해 주는 데 쓰일 수 있다.

② 시방

시방은 물리적 품질, 화학적 성분, 성능상의 요구사항이나 재료, 장비, 구성품의 제조 및 설치와 관련한 시공기준을 마련함으로서 특별한 형태를 규정해 주고, 재료나 장비의 품질을 요구하며, 설치 시 요구사항을 알려준다. 도면상의 포괄적 주기나 기호와 비교할 때 시방은 관련사항에 대한 상세한 기술을 의미한다.

③ 일람표

일람표는 목록이나 행렬식으로 데이터를 표시함으로서 의사전달을 쉽도록 해준다. 시방에 표시할 경우, '시공'항의 끝에 위치시키는데, 기술적으로 시공과 관련한 사항이 아닐 경우 편의상 준비사항에 위치시키면 된다.

④ 설계도면과 시방의 일치

시방이 설계도면을 보완하는 것이지만 설계도면에 나타낸 것을 반복하지 않고, 시방에 포함된 내용을 설계도면에 반복하지 않는다. 설계도면과 시방에 반복할 경우 모순을 낳을 소지가 많은데, 이와 같은 모순은 입찰자로 하여금 무엇을 요구하는지 서로 다른 해석을 하게 할 수도 있고, 종종 계약변경이나 추가로 비용을 지불토록 하기도 한다. 이는 수급인이나 감독자(감리자)나 설계자의 의도와는 달리 가장 경제성 있는 요구조건을 정당하고도 합리적으로 취하려고 하기 때문이다. 모든 서류는 누락이나 중복, 혼돈을 배제하기 위하여 상호 비교 검토되어야 하는데, 충분한 시간을 가지고 초기에 설계도면과 시방을 일치시키는 것이 공사 중 발생하는 문제점을 배제시키는 데 도움이 된다.

㉠ 계약서에 전문용어를 사용토록 하는 것은 혼돈을 피하는 데 매우 중요하다. 도면과 시방에서 전문용어를 일관되게 사용하지 않음으로서 시간낭비는 물론 공사비 증가와 공사지연을 야기시키며 심지어 공사 그 자체를 그르칠 수 있다.

㉡ 대축척, 소축척 도면과 시방 사이에 어느 것이 우선하는가 하는 문제가 종종 제기된다. 여러 가지 서류의 우선순위를 결정하기 위하여 공사매뉴얼에 언급하는 것은 일반적으로 권장되지 않고 있다. 설계도면과 시방이 일치하지 않을 경우에 한하여 감독자(감리자)나 설계자가 해석하게 하고 있다.

㉢ 설계도면과 시방을 준비하는 데에 있어서 시방작성자와 설계자는 견적사, 입찰자, 수급인, 감독관, 현장대리인 등이 직면할 어려움을 마음속에 간직한 채 공동으로 작업해야 한다.

㉣ 필요한 내용이 시방에 포함되어 있는지, 시방내용이 설계도면과 일치하는지, 설계도면이 시방과 중복되지 않았는지 등을 확인하기 위하여 체크리스트를 사용한다. 이 체크리스트는 이후 시방작성자가 시방의 각 항을 준비할 때 참고하는 시방개요에 포함되기도 한다. 체크리스트의 정확한 형식은 그 목적에 따라 달라지나, 설계도면에 표기된 필수항목이 시방서에서 누락되는 것을 방지하기 위한 체크리스트에는 시방서의 절별로 자재, 설비, 제품들이 제시된다. 공란은 특별히 주의가 필요한 다른 공종이나 다른 항목과의 일치를 위한 주석표기 시 필요하다. 일치를 위한 체크리스트를 효율적으로 작성하기 위해서는 공종분류체계가 기초가 된다.

(6) 도면작성기준

1) 제도

제도란 치수를 표시하건 아니하건 도식을 사용해 기술정보를 전달하기 위한 속기술의 일정으로서 가능한 한 약간의 선들과 기호를 사용하면서도 그 도식을 사용하는 사람에게 완전한 내용을 전달할 수 있도록 하는 것이 제도의 기본원칙이므로 과거 답습적 제도방법을 탈피하기 위하여 다음 12가지 항목의 기능적 제도를 위한 기본원칙들을 숙지하여 효능적인 도면이 되도록 하여야 한다.

① 무의미하고 불필요한 노력 배제

② 동일 상세의 반복 금지

③ 불필요한 도면 삭제

④ 적절한 경우에만 단어 사용

⑤ 점선사용 억제

⑥ 대칭원리 이용

⑦ 표준기호 사용

⑧ 과도한 시공 상세도면 억제

⑨ 간단한 조립 상세

⑩ 재료표시 최소화

⑪ 기성부품의 목록표시

⑫ 공통된 모양 기호는 템플리트(Templet) 사용

2) 설계도면 작성기준

① 용지규격

㉠ 표준도면의 크기는 KS A 5201에 규정하는 A0~A2를 표준규격으로 하되 A1 사용을 원칙으로 한다. 다만, A1으로 작성이 곤란한 경우에는 A0를 사용할 수 있으며, 필요에 따라 길이와 방향으로 연장할 수 있다.

㉡ 도면의 규격별 크기는 A0(841×1.189mm), A1(594×841mm), A2(4205×94mm)로 구별할 수 있다.

㉢ 도면은 장변방향을 좌우방향으로 놓는 것을 정위치로 한다.

② 도면의 축척

㉠ 표준도면의 축척은 사용목적에 따라 아래의 기준으로 적당한 것을 선택할 수 있다.

㉡ 축척은 도면에 기입한다.

㉢ 같은 도면 중에 다른 축척을 사용할 때에는 그림마다 그 축척을 기입한다.

㉣ 일부분에만 다른 축척을 사용할 때에는 도면 중 대부분을 차지하는 그림의 축척을 표제란에 기입하고 다른 축척만 작성된 그림 가까이에 기입한다.

• 일반도	1/100, 1/200, 1/500, 1/1,000
• 구조물도	1/20, 1/30, 1/40, 1/50, 1/100
• 상세도	1/1, 1/2, 1/5, 1/10, 1/20, 1/30
• 평면도	1.500, 1/600, 1/1,000, 1/1,200, 1/1,300, 1/1,500

③ 도면의 배치기준

㉠ 도면 내에 작성되어야 할 각 설계도들과 표시되어야 할 모든 사항이 적당한 위치에 적절한 축적의 크기로 배치되도록 계획하여야 한다.

㉡ 치수선, 설명문자, 기타 각종도면 표시기호(Graphic symbol) 등이 삽입되어야 할 적당한 여백을 고려한다.

㉢ 각 설계도들이 지나치게 변으로 치우치거나 중앙에 집중배치되어 주위에 필요이상의 여백이 남지 않도록 한다.

㉣ 부득이 여백이 많을 경우 차후의 추가삽입을 고려하여 좌측 상단부에 우선적으로 배치한다.

④ 제도용 선의 기준

선의 종류는 아래의 4종으로 구별하며 필요에 따라 선을 사용할 수 있다.

㉠ 실선

보이는 부분의 모양을 표시한 선, 치수선, 보조치수선, 인출선, 차단선, 테두리선 등에 사용실선

• 모양을 표시하는 선, 테두리선	0.3~0.4mm
• 철근 표시선	0.5~0.6mm
• 치수선 또는 치수보조선, 인출선	0.1~0.2mm

㉡ 파선

보이지 않는 부분의 모양을 표시하는 선 등에 사용한다.

• 파선은 부분의 모양을 표시하는 실선보다 약간 가늘게 하는 한편 중심선, 치수선 등보다는 훨씬 굵게 한다.

• 기타의 경우에 사용하는 파선은 그 목적에 따라 적당한 굵기로 한다.

㉢ 1점 쇄선

중심선, 절단선, 기준선, 경계선, 참고선 등에 사용한다.

㉣ 2점 쇄선

상상선 또는 기준선, 경계선, 참고선 등으로 1점 쇄선과 구분할 필요가 생길 때 사용한다.

⑤ 글자 및 치수

㉠ 문장은 가로로 왼쪽으로부터 쓰는 것을 원칙으로 한다.

㉡ 숫자는 아라비아 숫자를 사용한다.

㉢ 치수의 단위는 mm, cm, m을 원칙으로 사용하며 각 치수의 단위표시는 지시선을 참조한다(mm, cm, ㎠, ㎡, kg, kg/m, kg/㎠, 15°－15'－05").

⑥ 지시선

㉠ 지시선은 가급적 수직선 또는 수평선을 사용하며, 곡선의 사용은 피한다. 단, 짧은 지시선이 되어야 할 경우에는 일차곡선으로 표시할 수 있다.

㉡ 절선을 사용할 때에는 직각절선이나 일직선에 가까운 절선의 사용은 피한다.

PART 3 도면작성 실·전·기·출·문·제

2013 태양광기사

01. 지상에서의 길이 5m를 축적1/200로 도면에 나타낼 때 그 길이는?

① 2.5㎜ ② 10㎜
③ 20㎜ ④ 25㎜

정답 ④

지상에서의 길이 5m를 축적1/200 로 도면에 나타낼 때 그 길이는 25㎜이다.

2013 태양광기사

02. 일반적으로 구조물이나 시설물 등을 공사 또는 제작할 목적으로 상세하게 작성된 도면은?

① 상세도 ② 시방서
③ 간트도표 ④ 내역서

정답 ①

상세도는 제품의 어떤 한 부분을 확대하여 상세하게 나타낸 도면을 말한다.
한국산업규격에서는 건축물이나 구성재의 일부에 대하여 그 형태, 구조 또는 조합, 결합 등의 상세함을 나타낸 제작도로서 큰 척도를 나타내는 도면을 말한다.

2013 태양광산업기사

03. 빙설이 적고 인가가 밀집한 도시에 시설하는 고압가공전선로 설계에 사용하는 풍압하중은?

① 갑종 풍압하중
② 을종 풍압하중
③ 병종 풍압하중
④ 갑종 풍압하중과 을종 풍압하중을 각 설비에 다라 혼용

정답 ③

빙설이 적고 인가가 밀집한 도시에 시설하는 고압가공전선로 설계에 사용하는 풍압하중은 병종 풍압하중이며, 빙설이 많은 지역(일반지역)에서 고온 계절에는 갑종 풍압하중, 저온 계절에는 을종 풍압하중을 사용한다.

2013 태양광기사

04. 설계도서의 의미를 가장 적합하게 설명한 것은?

① 구조물 등을 그린 도면으로 건축물, 시설물, 기타 각종 사물의 예정된 계획을 공학적으로 나타낸 도면이다.
② 설계, 공사에 대한 시공 중의 지시 등, 도면으로 표현 될 수 없는 문장이나 수치 등을 표현한 것으로 공사수행에 관련된 제반 규정 및 요구사항을 표시한 것이다.
③ 공사계약에 있어 발주자로부터 제시된 도면 및 그 시공기준을 정한 시방서류로서 설계도면, 표준시방서, 특기시방서, 현장설명서 및 현장설명에 대한 질문 회답서 등을 총칭하는 것이다.
④ 각종 기계 장치 등의 요구조건을 만족시키고, 또한 합리적, 경제적인 제품을 만들기 위해 그 계획을 종합하여 설계하고 구체적인 내용을 명시하는 일을 일컫는다.

정답 ④

설계도서의 의의

① 건축법 제2조1항에 따르면 '설계도서'란 건축물의 건축 등에 관한 공사용 도면, 구조 계산서, 시방서, 그 밖에 국토해양부령으로 정하는 공사에 필요한 서류를 말한다.

② 토목설계에서 설계도서는 청부공사계약에 있어서 발주자로부터 제시된 도면 및 그 시공 기준을 정한 시방서류로서 설계도면, 표준 명세서, 특기 명세서, 현장 설명서 및 현장 설명에 대한 질문 회답서를 총칭하여 설계도서라 한다.

2013 태양광산업기사

05. 제1종접지공사에 사용하는 접지선을 사람이 접속할 우려가 있는 곳에 시설하는 경우 접지선은 최소 어느 부분까지 합성수지관 또는 이와 동등 이상의 절연 효력 및 강도를 가지는 몰드로 덮게 되어 있는가?

① 지하 30[cm]로부터 지표상1.5[m]까지의 부분
② 지하 10[cm]로부터 지표상 1.6[m]까지의 부분
③ 지하 75[cm]로부터 지표상 2.0[m]까지의 부분
④ 지하 90[cm]로부터 지표상 2.5[m]까지의 부분

정답 ③

제1종접지공사에 사용하는 접지선을 사람이 접속할 우려가 있는 곳에 시설하는 경우 접지선은 최소 지하 75cm로부터 지표상 2.0m까지의 부분까지 합성수지관 또는 이와 동등 이상의 절연효력 및 강도를 가지는 모드로 덮어야 한다.

2013 태양광기능사

06. 백열전등 또는 방전등에 전기를 공급하는 옥내전로의 대지 전압은 몇[V]이하인가?

① 100 ② 200 ③ 300 ④ 400

정답 ②

백열전등 또는 방전등에 전기를 공급하는 옥내전로의 대지 전압은 200[V] 이하이다.

2013 태양광기사

07. 케이블 트레이 시공방식의 장점이 아닌 것은?

① 방열특성이 좋다.
② 허용전류가 크다.
③ 장래부하 증설시 대응력이 크다.
④ 재해를 거의 받지 않는다.

정답 ④
재해에 대해 거의 받지 않는다고는 말할 수 없다.

2013 태양광기능사

08. 수소 냉각식 발전기안의 수소 순도가 몇[%]이하로 저하한 경우에 이를 경보하는 장치를 시설하여야 하는가?

① 65 ② 75 ③ 85 ④ 95

정답 ③
수소 냉각식 발전기안의 수소 순도가 85% 이하로 저하한 경우에 이를 경보하는 장치를 시설하여야 한다.

태양광발전시스템 설계

초판1쇄 발행 2014년 3월 25일
초판2쇄 발행 2018년 3월 10일

저　　자 정 석 모 · 이 지 성
펴 낸 이 임 순 재
펴 낸 곳 **에듀한올**
등　　록 제11-403호
주　　소 서울시 마포구 모래내로 83(성산동, 한올빌딩 3층)
전　　화 (02)376-4298(대표)
팩　　스 (02)302-8073
홈페이지 www.hanol.co.kr
e-메 일 hanol@hanol.co.kr

값 15,000원 ISBN 979-11-5685-001-4